秒懂
PS图像处理
技巧

博蓄诚品 编著

U0229092

全国百佳图书出版单位

化学工业出版社

·北京·

内 容 简 介

本书详细介绍了PS图像处理的操作技能，既注重理论知识的介绍，又注重典型案例的演示，实操性很强。

全书共8章，第1~6章介绍了图像的基础处理方法、图像细节的修饰、图像颜色的调整、图像特效的应用、图像绘制的方法、图像的抠取与合成；第7、8章通过实际案例，对图像和人像的处理进行了专门讲解，让读者能更好地掌握前面所学内容，达到学以致用、举一反三的目的。

本书采用全彩印刷，版式活泼，语言通俗易懂，配套二维码视频讲解，学习起来更高效便捷。同时，本书附赠了丰富的学习资源，为读者提供高质量的学习服务。

本书非常适合PS新手、设计小白、职场办公人员等阅读，还可作为职业院校及培训机构相关专业的教材及参考书。

图书在版编目(CIP)数据

秒懂PS图像处理技巧 / 博蓄诚品编著. —北京：化学工业出版社，2023.2
ISBN 978-7-122-42709-0

Ⅰ.①秒… Ⅱ.①博… Ⅲ.①图像处理软件 Ⅳ.①TP391.413

中国国家版本馆CIP数据核字(2023)第016190号

责任编辑：耍利娜	文字编辑：师明远　林丹
责任校对：宋　玮	装帧设计：尹琳琳

出版发行：化学工业出版社（北京市东城区青年湖南街13号　邮政编码100011）
印　　装：天津市银博印刷集团有限公司
880mm×1230mm　1/32　印张9¾　字数289千字　2023年7月北京第1版第1次印刷

购书咨询：010-64518888　　　　　售后服务：010-64518899
网　　址：http://www.cip.com.cn

定　价：59.80元

众所周知，Photoshop应用领域十分广泛，其最突出的功能就是图像处理，比如图像裁剪、尺寸调整、文字添加、背景更换、色彩调整、图像绘制、图像修复；自动化处理、动图制作；人像处理、图像合成、特效制作等。

本书从不同的应用类型出发，对内容进行合理编排，层层递进，先学基础，了解相关理论知识点，再在案例中"小试牛刀"，加强对知识点的巩固，最后综合应用，举一反三。

1. 本书内容安排

本书结构安排合理，知识讲解循序渐进。理论知识＋小试牛刀＋综合效果展示＝全方位掌握各种工具与命令的应用。

2. 选择本书的理由

（1）看得懂，学得会

本书用通俗易懂的文字，详细讲解每一个常用工具的使用方法，并以"小试牛刀"来复习巩固，让读者真正看得懂理论，学得会实际操作。

（2）内容充实，涵盖面广

　　书中所有案例均甄选于实际应用场景中，范围覆盖图像的尺寸、显示调整，图像的细节修饰，图像的颜色调整，图像的特效应用，图像的绘制填充，图像的抠取与合成，人物图像的处理，讲解详尽，实用易学。

第1章　图像处理基础

| 辅助定位 | 精确定位 | 对齐辅助 | 自由缩放查看 | 调整图像大小 | 裁剪图像 | 翻转图像方向 | 调整图像显示比例 | …… |

第2章　图像细节修饰

| 复制图像 | 一秒去除瑕疵 | 神奇的内容识别 | 混合图像效果 | 柔化边缘 | 强化边缘 | 调整图像饱和度 | 恢复图像操作 | …… |

第3章　图像颜色调整

| 色彩与配色 | 校正偏灰偏色图像 | 制作泛黄老照片 | 更改图像颜色 | 为图像添加滤镜 | 校正图像色彩 | 彩色变黑白效果 | 彩色变灰度效果 | …… |

第4章　图像特效应用

| 错位效果 | 立体效果 | 描边效果 | 投影效果 | 图像调色 | 印象派效果 | 朦胧效果 | 色块效果 | …… |

第5章　图像绘制密码

| 前景色与背景色 | 设置颜色 | 拾取颜色 | 填充颜色 | 颜色过渡 | 手绘必备 | 矢量绘图 | 规则绘制 | …… |

第6章　图像的抠取与合成

| 扣取规则选区 | 万能抠图工具 | 快速抠图 | 抠取复杂图像 | 复杂抠图必备 | 隐藏式抠图 | 擦除多余图像 | 综合擦除图像 | …… |

第7章　图像处理进阶实战

| 季节更替效果 | 胶片质感效果 | 丁达尔光束效果 | 超级月亮 | 水墨画图像 | 撕裂效果 | 双重曝光效果 | 海市蜃楼效果 | …… |

第8章　人像处理进阶实战

| 去除雀斑 | 去除双下巴 | 高品质磨皮 | 更改发色 | 美白牙齿 | 人脸识别液化 | 自由变换 | 人物特效处理 | …… |

（3）掌握方法，一劳永逸

本书的所有知识点与案例实操，都是基于对图像的处理，掌握了这些知识与技能，可以更加轻松地应对实际工作中遇到的问题，提高工作效率。

3.学习本书的方法

对于新手来讲，第1、2章是图像处理的基础，比较容易上手，必须牢牢掌握。第6章介绍的图像抠取与合成是使用频率很高的，建议重点学习。除此之外，读者还可以根据工作类别的侧重点不同，先学习使用频率较高的工具，然后再整体性学习，巩固并提高自身能力。

4.本书的读者对象

- ✓ 设计人员；
- ✓ 新媒体运营人员；
- ✓ 图像后期处理人员；
- ✓ 高等院校相关专业师生；
- ✓ 对Photoshop感兴趣的人员。

本书在编写过程中力求严谨细致，但由于时间与精力有限，疏漏之处在所难免，望广大读者批评指正。

编　者

目录
CONTENTS

第 1 章 图像处理基础

第 **2** 章　图像细节修饰

第 **3** 章　图像颜色调整

第 4 章　图像特效应用

第 5 章　图像绘制密码

第 **6** 章　图像的抠取与合成

第7章　图像处理进阶实战

第8章　人像处理进阶实战

附　录

第 1 章

图像处理基础

扫码观看本章视频

内容导读

本章主要介绍图像的常用构图法则以及图像最基础的尺寸与显示状态调整，主要包括调整图像尺寸、修改画布尺寸、裁剪图像、校正图像透视变形、翻转图像方向、调整倾斜的图像以及调整图像的显示比例等。

学习目标

- 了解图像常用的构图法则。
- 掌握图像尺寸调整的方法。
- 掌握图像显示调整的方法。

1.1 图像处理辅助工具

在 Photoshop 中有一些不起眼的辅助工具，虽然对图像的编辑不起直接作用，但使用它们却可以更加精确地定位图像或元素，例如标尺、参考线、网格以及抓手工具。

1.1.1 辅助定位——标尺

标尺可以精确定位图像或元素。执行"视图>标尺"命令，或按 Ctrl+R 组合键显示标尺。标尺分布在图像编辑窗口的上边缘和左边缘，鼠标右击标尺在弹出的菜单中单击即可更改单位，如图 1-1 所示。

在默认状态下，标尺的原点位于图像编辑区的左上角，其坐标值为（0，0）。单击左上角标尺相交的位置□并向右下方拖动，会拖出两条十字交叉的线，松开鼠标，可更改新的零点位置，如图 1-2、图 1-3 所示。双击左上角标尺相交的位置□，恢复到原始状态。

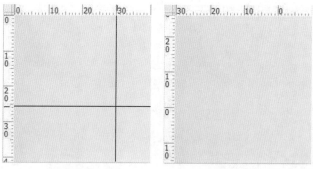

图1-1   图1-2   图1-3

1.1.2　精确定位——参考线

参考线可精确地定位图像或元素。参考线可手动创建或自动创建。

（1）手动创建参考线

执行"视图>标尺"命令，或按Ctrl+R组合键显示标尺，将光标放置在左侧垂直标尺上向右拖动，即可创建垂直参考线；将光标放置在上侧水平标尺上向下拖动，即可创建水平参考线。

（2）自动创建参考线

执行"视图>新建参考线"命令，在弹出的"新建参考线"对话框（如图1-4所示）中设置具体的位置参数，单击"确定"按钮即可显示。

若要一次性创建多个参考线，可执行"视图>新建参考线版面"命令，在弹出的"新建参考线版面"对话框中设置参数，如图1-5所示。单击"确定"按钮即可完成，如图1-6所示。

图1-4

图1-5

图1-6

此时，若是选择"切片工具" ，单击属性栏的"基于参考下的切片"按钮，如图 1-7 所示，执行"文件>导出>存储为 Web 所用格式（旧版）"命令，可导出九宫格效果，如图 1-8 所示。

除了以上参考线的创建，还可以通过已绘制的形状创建参考线，只需执行"视图>通过形状新建参考线"命令即可。

知识链接：

智能参考线是一种会在绘制、移动、变换的情况下自动显示的参考线，可以帮助我们在移动时对齐特定对象。当绘制形状或移动图像时，智能参考线便会自动出现在画面中；当复制或移动对象时，Photoshop 会显示测量参考线，以直观呈现与所选对象和直接相邻对象之间的间距相匹配的其他对象之间的间距。

图1-7　　　　　　　　　　　　　　　　　图1-8

(!) 注意事项:

对创建好的参考线可进行以下操作:

● 若要调整移动参考线,可使用"选择工具" ✛.,将光标放置在参考线上,当变为 ⬌ 形状后即可调整参考线;

● 若要锁定参考线,可执行"视图>锁定参考线"命令,或按Alt+Ctrl+;组合键;

● 若要删除参考线,可执行"视图>清除参考线"命令,或直接拖动要删除的参考线,将其拖动至画布外;

● 若要隐藏参考线,可执行"视图>显示额外参考线"命令,或按Ctrl+H组合键。

图1-9

1.1.3 对齐辅助——网格

网格主要用于对齐参考线,以方便在编辑操作中对齐物体。执行"视图>显示>网格"命令,或按Ctrl+'组合键即可在页面中显示网格,如图1-9所示。当再次执行该命令时,将取消网格的显示。

用户还可以对网格进行自定义设置,即执行"编辑>首选项>参考线、网格和切片"命令,在打开的"首选项"对话框中可对网格的颜色、样式、网格线间隔、子网格数量等参数进行设置,如图1-10、图1-11所示。

1.1.4 自由缩放查看——缩放工具+抓手工具

对图像进行缩放有两种方式：使用缩放工具和使用抓手工具。

（1）缩放工具

缩放工具 🔍 可以将图像的显示比例进行放大或缩小，选择"缩放工具"，将显示其属性栏，如图1-12所示。

图1-10   图1-11

图1-12

该属性栏中主要选项的功能介绍如下：

● 放大或缩小 ：切换缩放方式。单击 按钮切换为放大模式，在画布中单击便可缩小图像；单击缩小 按钮切换为缩小模式，在画布中单击便可放大图像。按 Alt 键可在放大和缩小模式中进行切换。

● 调整窗口大小以满屏显示：勾选此复选框，当放大或缩小图像时，窗口的大小即会调整。

● 缩放所有窗口：勾选此复选框，同时缩放所有打开的文档窗口。

● 细微缩放：勾选此复选框，在画面中单击并向左侧或右侧拖动，能够以平滑的方式快速放大或缩小窗口。

● 100%：单击该按钮或按 Ctrl+1 组合键，图像以实际像素的比例进行显示。

● 适合屏幕：单击该按钮或按 Ctrl+0 组合键，可以在窗口中最大化显示完整图像。

● 填充屏幕：单击该按钮，可以在整个屏幕范围内最大化显示完整图像。

(◎) **知识链接：**

按 "Ctrl+ +" 组合键可放大图像显示；按 "Ctrl+ −" 组合键可缩小图像显示。

（2）抓手工具

抓手工具 可在图像窗口内移动图像。快捷键为 Space 键。按住 Alt+Space 键拖动鼠标可自由放大缩小图像。图像放大后，可自由拖动鼠标查看图像的区域。使用任意工具，按住 Space 键，可切换至抓手工具状态。

1.2　图像常用构图法则

关于图像的构图法则主要介绍以下9种，每种构图法则可单独使用，也可多个融合使用。

1.2.1　中心构图

中心构图是最稳定，也是最常用的一种构图方法，把主体放置在画面视觉中心，形成视觉焦点。这种构图方式的最大优点就在于主体突出、明确，而且画面容易取得左右平衡的效果，如图1-13所示。中心构图法比较适合微距特写，尤其是包裹的花瓣或叶片，本身就具有很好的层次感，能产生一种内在的向心力、平衡力，如图1-14所示。

图1-13

图1-14

在使用中心构图时，可选择与主体有鲜明对比的简单背景，如图1-15所示。若背景过于杂乱，眼睛的注意力会很容易被周围的东西分散，不能很好地表现出主体。这时候便可以选择更加生动的主体偏离中心构图，如图1-16所示。

图1-15

图1-16

1.2.2 水平线构图

水平线构图是最基本的构图法，以水平线条为主，具有宽阔、安宁、和谐的特点，比较常见的如山川、湖面、水面、草原等，如图1-17、图1-18所示。

图1-17

图1-18

1.2.3　垂直线构图

垂直线构图主要强调对象的高度和纵向气势，多用于表现深度和形式感，给人一种高大、稳定、雄伟的感觉。这种构图方式应注意画面的结构布局，疏密有度，使画面更有新意而且更有节奏。比较常见的如建筑、树木等，如图1-19、图1-20所示。

图1-19　　　　　　　　　　　　　图1-20

1.2.4　三分构图

三分构图，也称作井字构图法，是一种在摄影、设计等艺术中经常使用的构图法则。在这种法则中，需要将场景用两条竖线和两条横线分割，这样可以得到4个交叉点，将画面重点放置在4个交叉点中的1个上即可，如图1-21、图1-22所示。

图1-21　　　　　　　　　　　　　图1-22

1.2.5 对称构图

对称构图是指按照一定的对称轴或对称中心，使画面中景物形成轴对称或者中心对称。常见的如建筑、隧道等，如图1-23、图1-24所示。

图1-23

图1-24

图1-25

图1-26

1.2.6 重复构图

重复构图是指同样或类似的图案重复出现的构图法则。大量相同或类似的图案元素排列起来可作为背景，如图1-25所示，出现的不同元素便为主体，如图1-26所示。

1.2.7 对角线构图

对角线构图是指主体沿画面对角线方向排列，表现出动感、不稳定性或生命力。不同于常规的横平竖直，对角线构图可以使画面更加饱满，视觉体验更加强烈，如图1-27、图1-28所示。

1.2.8 引导线构图

引导线构图是指利用线条引导观者的目光，使之汇聚到画面的焦点。引导线不一定是具体的线，但凡有方向的、连续的东西，都可以称为引导线。常见的如道路、河流、颜色、阴影等，如图1-29、图1-30所示。

图1-27

图1-28

图1-29

图1-30

1.2.9 框架构图

框架构图是指将画面重点利用框架框起来的构图方法，引导观者注意框内景象，突出主体，遮挡不必要的元素，增强画面层次，渲染画面的故事氛围。门窗、镜框、洞口、树枝以及阴影都可以作为取景框架，如图1-31、图1-32所示。

图1-31

图1-32

1.3　图像尺寸调整方法

对图像进行处理时，可以对图像的尺寸进行调整，包括图像大小、画布大小，还可以使用裁剪工具或透视裁剪工具对图像进行常规裁剪或透视裁剪。

1.3.1 调整图像大小——图像大小

打开一张很大的图像，怎样在不破坏其比例的情况下调整大小呢？

执行"图像>图像大小"命令，或按Ctrl+Alt+I组合键打开"图像大小"对话框，如图1-33所示。在该对话框中的主要选项的功能介绍如下：

图1-33

● 图像大小：单击❖按钮，可以选中"缩放样式"复选框。当文档中的某些图层包含图层样式时，选中"缩放样式"复选框，可以在调整图像大小时自动缩放样式效果。

● 尺寸：显示图像当前尺寸。单击"尺寸"右边的∨按钮可以从尺寸列表中选择尺寸单位，如百分比、像素、英寸、厘米、毫米、点、派卡。

● 调整为：在下拉列表框中选择Photoshop的预设尺寸。

● 宽度/高度/分辨率：设置文档的宽度、高度、分辨率，确定图像的大小。保持最初的宽高比例，保持启用"约束比例" ⑧选项，再次单击"约束比例" ⑧取消链接。

● 重新采样：在下拉列表框中选择采样方法。

小试牛刀：使用"图像大小"命令调整图像的大小

▶ Step01 将素材文件拖放至Photoshop中，执行"图像>图像大小"命令，或按Ctrl+Alt+I组合键打开"图像大小"对话框，如图1-34所示。

▶ Step02 在"图像大小"对话框中更改图像的宽度与分辨率，如图1-35所示。

至此，完成了图像尺寸大小的调整。

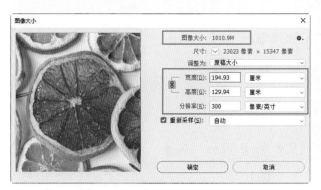

图1-34

图1-35

注意事项：

执行“文件>导出>存储为Web所有格式（旧版）”命令，在弹出的对话框中，单击右上角“菜单”按钮，在弹出的菜单中选择“优化文件大小”选项，在弹出的对话框中设置文件大小，如图1-36所示。如图1-37、图1-38所示为操作前后图像大小的参数。

优化文件大小
所需文件大小：
2048
K
确定
取消
起点
当前设置
自动选择 GIF/JPEG
使用
当前切片
每个切片
所有切片总和

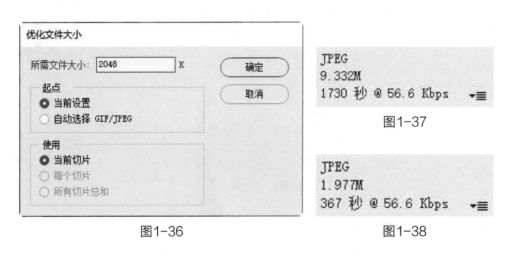

图1-36

JPEG
9.332M
1730 秒 @ 56.6 Kbps

图1-37

JPEG
1.977M
367 秒 @ 56.6 Kbps

图1-38

1.3.2　修改画布大小——画布大小

画布是显示、绘制和编辑图像的工作区域。执行"图像>画布大小"命令，或按Ctrl+Alt+C组合键打开"画布大小"对话框，如图1-39所示。放大画布时，会在图像四周增加空白区域，不会影响原有的图像；缩小画布时，会根据设置裁剪掉不需要的图像边缘。

图1-39

该对话框中主要选项的功能介绍如下：

● 当前大小：显示文档的实际大小、图像的宽度和高度的实际尺寸。

● 新建大小：修改画布尺寸后的大小。"宽度"和"高度"选项用于设置画布的尺寸。

● 相对：勾选此复选框，输入要从图像的当前画布大小添加或减去的数量。输入正数为添加画布大小的数量，输入负数为减去画布大小的数量。

● 定位：单击"定位"按钮，可以设置图像相对于画布的位置。

● 画布扩展颜色：在该下拉列表框中选择画布的扩展颜色，可以设置为背景、前景、白色、黑色、灰色或其他颜色。

小试牛刀：使用"画布大小"命令调整画布的大小 ● ● ● ●

▶ Step01 将素材文件拖放至Photoshop中，如图1-40所示。

▶ Step02 执行"图像>画布大小"命令，或按Ctrl+Alt+C组合键打开"画布大小"对话框，勾选"相对"复选框，设置宽度与高度参数，如图1-41所示。

▶ Step03 单击"确定"按钮，效果如图1-42所示。

▶ Step04 再次执行"图像>画布大小"命令，在"画布大小"对话框更改宽度与高度参数，设置画布扩展颜色，如图1-43所示。

图1-40

图1-41

▶ Step05 单击"确定"按钮，效果如图1-44所示。

至此，完成了对画布大小的调整，表现为添加了边框。

图1-42   图1-43   图1-44

1.3.3 裁剪图像——裁剪工具

在 Photoshop 中，使用"裁剪工具"裁剪图像可以对图像进行重新构图，改变其大小。在裁剪图像时，可拖动裁剪框，也可以在该工具的属性栏中设置裁剪区域的大小。选择"裁剪工具"ㄥ或按C键，显示其属性栏，如图1-45所示。

图1-45

该属性栏中主要选项的功能介绍如下：

● 约束方式：在下拉列表框中可以选择一些预设的裁剪约束比例。

● 约束比例：在该文本框中直接输入自定约束比例数值。

● 清除：单击该按钮，删除约束比例、约束方式与比例数值。

● 拉直：为图像定义水平线，将倾斜的图像"拉"回水平。

● 视图 ▦：单击该按钮，在下拉列表框中可以选择裁剪图像的参考线，包括三等分、黄金比例、金色螺线等常用构图线。

● 设置其他选项 ✿：单击该按钮，在下拉列表框中可以进行一些功能设置。

● 删除裁剪的像素：若勾选该复选框，多余的画面将会被删除；若取消勾选复选框，则对画面的裁剪可以是无损的，即被裁剪掉的画面部分并没有被删除，可以随时改变裁剪范围。

小试牛刀：使用"裁剪工具"裁剪 A4 大小的图像 ● ● ● ●

▶ Step01 将素材文件拖放至Photoshop中，如图1-46所示。

▶ Step02 选择"裁剪工具" ⛏，在属性栏中设置约束方式为"宽×高×分辨率"选项，如图1-47所示。

▶ Step03 在属性栏中设置A4参数，如图1-48所示。

图1-46　　　　　　　　　　　　图1-47

图1-48

▶ Step04 拖动调整裁剪框以及裁剪区域图像，如图1-49所示。

▶ Step05 调整完成后按Enter键即可，如图1-50所示。

至此，完成了将素材裁剪成A4大小的图像。

图1-49

图1-50

1.3.4 校正图像透视变形——透视裁剪工具

透视裁剪工具在裁剪时可变换图像的透视。

小试牛刀：使用"透视裁剪工具"裁剪卡片 ● ● ●

▶ Step01 将素材文件拖放至Photoshop中，如图1-51所示。

▶ Step02 选择"透视裁剪工具" ，鼠标变成 形状时，在图像上拖拽出裁剪区域，分别单击卡片的四个顶点绘制透视裁剪框，如图1-52所示。

▶ Step03 按Enter键完成裁剪，如图1-53所示。

▶ Step04 选择"修补工具"在右下角绘制选区，如图1-54所示。

▶ Step05 按Shift+F5组合键，在弹出的对话框中选择"内容识别"，按"确认"键完成填充，效果图1-55所示。

至此，完成校正透视裁剪图像的操作。

图1-51

图1-52

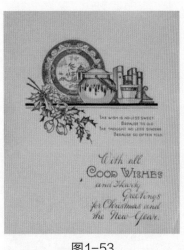

图1-53

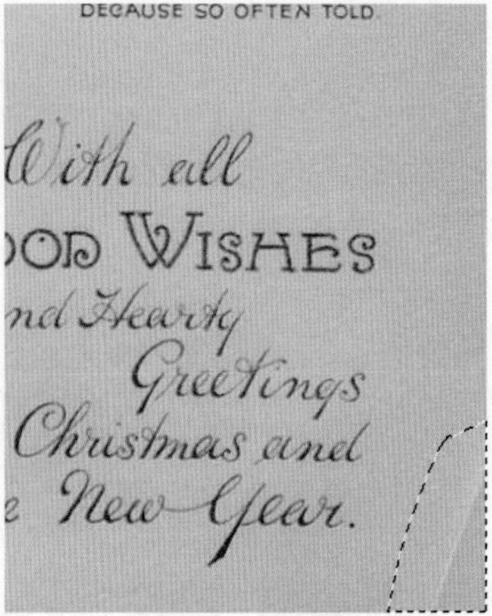

图1-54

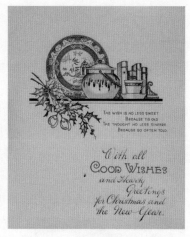

图1-55

(!) 注意事项：

　　在使用"透视裁剪工具"时，可逐个单击确认裁剪控制点形成裁剪框，也可以直接绘制裁剪框。按住Alt键拖动控制点进行调整。

1.4 图像显示调整技术

在不破坏图像尺寸的情况下，可对图像的显示进行调整，如使用图像旋转命令对图像方向、画面以及显示比例进行调整。

图1-56

1.4.1 翻转图像方向——图像旋转

图像旋转命令可以旋转或翻转整个图像。执行"图像>图像旋转"命令，在弹出的子菜单中提供了6个旋转选项，如图1-56所示。

该菜单中的主要选项的功能介绍如下：

● 180度：将图像旋转半圈。

● 顺时针90度：将图像顺时针旋转四分之一圈。

● 逆时针90度：将图像逆时针旋转四分之一圈。

● 任意角度：按指定的角度旋转图像。旋转角度介于－359.99度和359.99度之间。

● 水平翻转画布：沿水平轴翻转图像。

● 垂直翻转画布：沿垂直轴翻转图像。

(!) 注意事项：

这些命令不适用于单个图层或图层的一部分、路径以及选区边界。若要旋转选区或图层，可使用"变换"或"自由变换"命令。

▶ Step01 将素材文件拖放至 Photoshop 中，如图 1-57 所示。

▶ Step02 执行"图像>图像旋转>水平翻转画布"命令，如图 1-58 所示。

至此，完成了水平翻转图像的操作。

图1-57

图1-58

1.4.2 调整倾斜的图像——标尺工具

标尺工具 可准确定位图像或元素，计算工作区内任意两点之间的距离。单击属性栏中的"拉直图层"按钮，可调整倾斜图像。

小试牛刀：使用"标尺工具"调整倾斜图像

▶ Step01　将素材文件拖放至 Photoshop 中，如图 1-59 所示。

▶ Step02　选择"标尺工具"，沿倾斜的角度绘制水平线，如图 1-60 所示。

▶ Step03　单击属性栏中的"拉直图层"按钮，效果呈现如图 1-61 所示。

▶ Step04　使用"矩形选框工具"的"内容识别"识别透明区域，如图 1-62 所示。

　　至此，完成倾斜图像的调整操作。

图 1-59

图 1-60

图1-61

图1-62

（!）注意事项：

使用"裁剪工具"时，在属性栏中单击"拉直"按钮，当鼠标变为 +̲ 状态时，拖动绘制水平线，释放鼠标，可自动调整水平状态，如图1-63所示，按Enter键完成裁剪，如图1-64所示。

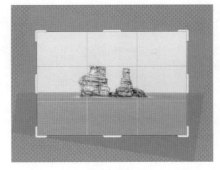

图1-63

图1-64

1.4.3 调整图像显示比例——选框工具

调整图像的显示比例，不同于对图像和画布的操作，需要创建一个选区，最基础的便是使用选框工具绘制，包括"矩形选框工具" [] 和"椭圆选框工具" ○ ，拖动即可创建。

小试牛刀：调整图像的显示比例

▶ Step01 将素材文件拖放至 Photoshop 中，按 Ctrl+' 组合键显示网格，如图1-65所示。

▶ Step02 按 Ctrl+J 组合键复制图层，移动到合适位置，如图1-66所示。

图1-65

图1-66

▶ Step03 选择"矩形选框工具"在图层左侧绘制选区，如图1-67所示。

▶ Step04 按Ctrl+T组合键开启自由变换，按住Shift键向左拖动，按Enter键完成变换。按Ctrl+D组合键取消选区，按Ctrl+'组合键隐藏网格，如图1-68所示。

至此，完成了图像显示比例的调整。

图1-67

图1-68

(!) 注意事项：

使用"自由变换"对图像区域进行调整时，会损坏变换区域的纹理，使用"混合器画笔工具"可对其进行涂抹修复。

第 2 章

图像细节修饰

扫码观看本章视频

内容导读

本章主要对图像细节的修饰美化进行讲解，主要包括如何使用仿制图章工具、污点修复画笔、修复画笔、修补工具、混合器画笔工具，对图像进行润色的模糊工具、锐化工具、涂抹工具、减淡工具、加深工具和海绵工具，以及如何使用历史记录画笔工具和历史记录艺术画笔工具进行恢复与二次创作。

学习目标

- 掌握图像修复工具的使用方法。
- 掌握图像修饰工具的使用方法。
- 掌握还原历史操作的使用方法。

2.1　图像的修复——修复瑕疵

图像的修复工具主要包括仿制图章工具、污点修复画笔工具、修复画笔工具、修补工具和混合器画笔工具。这几种修复画面瑕疵的工具可以单独使用，也可以多种搭配使用。

2.1.1　复制图像——仿制图章工具

使用仿制图章工具可以对图像进行取样，可以将取样图像应用到同一图像或任意图像的任意位置。仿制图章工具中复制图像的功能可以修复图像中的瑕疵，从而达到修复、净化画面的效果。选择"仿制图章工具"👤或按S键，显示其属性栏，如图2-1所示。

图2-1

小试牛刀：使用"仿制图章工具"复制图像 ● ● ● ●

▶ Step01 将素材文件拖放至Photoshop中，如图2-2所示。

▶ Step02 选择"仿制图章工具"🏷，按"]"键调整画笔大小，如图2-3所示。

▶ Step03 按住Alt键用鼠标对图像进行取样，如图2-4所示。

▶ Step04 在适当的位置释放鼠标，如图2-5所示。在"图层"面板中新建透明图层，如图2-6所示。单击完成图像的仿制。

▶ Step05 按 🔲 按钮为该图层创建蒙版，如图2-7所示。

▶ Step06 选择"画笔工具"，将前景色设置为黑色，在蒙版中进行涂抹，删除多余部分，如图2-8所示。最终效果如图2-9所示。

至此，完成使用"仿制图章工具"复制图像的操作。

图2-2

图2-3

图2-4　　　　　　　　　　　图2-5　　　　　　　　　　图2-6

图2-7　　　　　　　　　图2-8　　　　　　　　图2-9

2.1.2 一秒去除瑕疵——污点修复画笔工具

使用污点修复画笔工具可以直接在画面中单击或涂抹,自动从周围的区域进行取样并修复,不需对其手动取样。选择"污点修复画笔工具" ,其属性栏如图2-10所示。

图2-10

该属性栏中部分选项功能介绍如下:

● 内容识别:使用选区周围的像素进行修复。

● 创建纹理:可以使用选区中所有像素创建一个用于修复该区域的纹理。

● 近似匹配:可以使用选区边缘周围的像素来查找要用作选定区域修补的图像区域。

● 对所有图层取样:勾选该复选框,可使取样范围扩展到图像中所有的可见图层。

小试牛刀：使用"污点修复画笔工具"移除部分图像

▶ Step01 将素材文件拖放至Photoshop中，选择"污点修复画笔工具" ✎ ，调整画笔，涂抹想要移除的部分，如图2-11所示。

▶ Step02 最终效果，如图2-12所示。

至此，完成使用"污点修复画笔工具"移除部分图像的操作。

图2-11

图2-12

2.1.3 取样去除瑕疵——修复画笔工具

修复画笔工具与仿制图章工具相似，都是对图像取样进行修复。不同的是修复画笔工具可以将样本像素中的纹理、光照、透明度和阴影与所要恢复的像素进行匹配，从而使修复后的像素不留痕迹地融入图像的其他部分。选择"修复画笔工具" ✐ ，显示其属性栏，如图2-13所示。

图2-13

该属性栏中部分选项功能介绍如下：

● 源：指定用于修复像素的源。选中"取样"单选按钮时，可以使用当前图像的像素来修复图像；选中"图案"单选按钮时，在打开的图案取样器中选择一种图案作为取样点。

● 扩散：控制粘贴的区域以怎样的速度适应周围的图像。图像中如果有颗粒或精细的细节，则选择较低的值；如果比较平滑，则选择较高的值。

小试牛刀：使用"修复画笔工具"移除主体之外的元素

▶ Step01 将素材文件拖放至Photoshop中，如图2-14所示。

▶ Step02 放大图像，选择"修复画笔工具" ✐，按住Alt键用鼠标取样，如图2-15所示。

▶ Step03 单击或向右拖动鼠标进行修复，如图2-16所示。

▶ Step04 将"修复画笔工具"图标放在木板与桌子衔接处，按住Alt键用鼠标进行取样，如图2-17所示。

图2-14

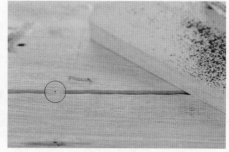

图2-15

图2-16

图2-17

▶ Step05　在衔接处单击进行修复，如图2-18所示。

▶ Step06　对剩下的部分执行相同的操作，如图2-19所示。

至此，完成使用"修复画笔工具"移除主体之外的元素的操作。

图2-18　　　　　　　　　　　　　　　　图2-19

(!)　注意事项：

在修复过程中，可以有针对性地选择多种修复工具搭配使用。

2.1.4　神奇的内容识别——修补工具

使用修补工具，可以使用图像中其他区域或图案中的像素来修复选中的区域。修补工具的内容识别选项可合成附近的内容，以便使选区与周围的内容无缝混合。选择"修补工具" ◉，显示其属性栏，如图2-20所示。

图2-20

该属性栏中主要选项的功能介绍如下：

● 修补：设置修补方式。在该下拉列表框中可选择"正常"与"内容识别"选项。

● 源：选择该单选按钮，修补工具将从目标选区修补源选区

● 目标：选择该单选按钮，修补工具将从源选区修补目标选区。

● 透明：勾选该复选框，可使修补的图像与原图像产生透明的叠加效果。

在"修补"下拉列表框中选择"内容识别"，如图2-21所示。

● 结构：数值在1 ~ 7之间。输入1，修补内容不必严格遵循现有图像的图案；输入7，修补内容将严格遵循现有图像的图案。

● 颜色：输入0~10之间的值以指定Photoshop在多大程度上对修补内容应用算法颜色混合。输入0，将禁用颜色混合；输入10，将应用最大颜色混合。

图2-21

小试牛刀：使用"修补工具"移除灯泡

▶ Step01 将素材文件拖放至Photoshop中，选择"修补工具" ◎ ，绘制选区，如图2-22所示。

▶ Step02 当光标变为 ⌖ ，向右拖动选区，如图2-23所示。

▶ Step03 按Ctrl+D组合键取消选区，如图2-24所示。

▶ Step04 使用相同的方法进行修复，按Ctrl+J组合键复制图像并调整其大小，如图2-25所示。

至此，完成使用"修补工具"移除灯泡的操作。

图2-22

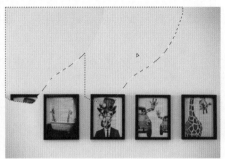

图2-23

图2-24

图2-25

2.1.5 混合图像效果——混合器画笔工具

混合器画笔工具可以像传统绘画中混合颜料一样混合像素，可以轻松模拟真实的绘画效果。选择"混合器画笔工具" ，显示其属性栏，如图2-26所示。

图2-26

该属性栏中主要选项的功能介绍如下：

● 当前画笔载入 ：单击 色块可调整画笔颜色，单击右侧三角符号可以选择"载入画笔""清理画笔"和"只载入纯色"。"每次描边后载入画笔" 和"每次描边后清理画笔" 两个按钮控制了每一笔涂抹结束后对画笔是否更新和清理。

● 潮湿：控制画笔从画布拾取的油彩量，较高的设置会产生较长的绘画条痕。

● 载入：指定储槽中载入的油彩量，载入速率较低时，绘画描边干燥的速度会更快。

● 混合：控制画布油彩量同储槽油彩量的比例。比例为100%时，所有油彩将从画布中拾取；比例为0%时，所有油彩都来自储槽。

● 流量：控制混合画笔流量的大小。

● 描边平滑度 10% ：用于控制画笔抖动。

小试牛刀：使用"混合器画笔工具"净化背景

▶ Step01 将素材文件拖放至 Photoshop 中，选择"修补工具"，在属性栏中设置参数，如图 2-27 所示。

▶ Step02 使用"修补工具"绘制选区，如图 2-28 所示。

▶ Step03 按 Shift+F5 组合键，在弹出的对话框中设置填充内容为"内容识别"，如图 2-29 所示。

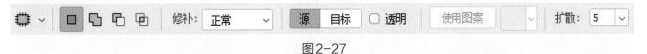

图 2-27

图 2-28    图 2-29

▶ Step04 按Ctrl+D组合键取消选区，如图2-30所示。

▶ Step05 选择"混合器画笔工具" ✔ 从内向外拖动鼠标涂抹，如图2-31所示。

至此，完成"混合器画笔工具"净化背景的操作。

图2-30

图2-31

2.2　图像的修饰——对图像进行润色

对图像进行修饰美化时可以使用模糊工具、锐化工具、涂抹工具、减淡工具、加深工具和海绵工具等。

2.2.1 柔化边缘——模糊工具

使用模糊工具，可以通过涂抹减弱图像相邻像素之间的反差，柔化硬边缘或减少图像中的细节，从而起到模糊图像局部的效果。涂抹的次数越多，该区域越模糊。选择"模糊工具" ⚪，显示其属性栏，如图2-32所示。强度越大，涂抹的模糊程度就越大。

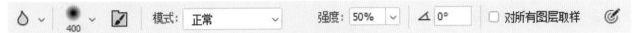

图2-32

小试牛刀：使用"模糊工具"制作景深效果

▶ Step01 将素材文件拖放至Photoshop中，如图2-33所示。

▶ Step02 选择"模糊工具"，调整画笔，涂抹想要模糊的部分，如图2-34所示。

至此，完成使用"模糊工具"制作景深效果的操作。

图2-33

图2-34

（！）**注意事项：**

在操作过程中可选择"历史记录画笔工具" 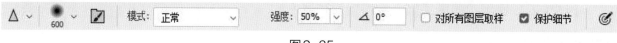 进行调整，按"["键和"]"键调整工具笔触大小。

2.2.2　强化边缘——锐化工具

锐化工具与模糊工具的使用效果正好相反，它是通过增强图像相邻像素之间的反差，使图像的边界变得更加明显。选择"锐化工具"△，显示其属性栏，如图2-35所示。

图2-35

（◎）**知识链接：**

勾选"保护细节"，可以在锐化过程中对图像的细节进行保护。

小试牛刀：使用"锐化工具"强化五官轮廓

▶ Step01 将素材文件拖放至Photoshop中，如图2-36所示。

▶ Step02 选择"锐化工具"，调整画笔，在五官处进行涂抹，如图2-37所示。

至此，完成使用"锐化工具"强化五官轮廓的操作。

图2-36

图2-37

ⓘ 注意事项：

在使用锐化工具时，需要适度涂抹，若过度涂抹，则强度过大，可能会出现像素杂色，影响画面效果。

2.2.3 手涂绘画——涂抹工具

　　使用涂抹工具，可以模拟手指划过湿油漆时所产生的效果。若图像中颜色与颜色边缘之间过渡生硬，可以使用涂抹工具进行涂抹，使其边界柔和。选择"涂抹工具" ，显示其属性栏，如图2-38所示。若勾选"手指绘画"复选框，单击鼠标拖动时，则使用前景色与图像中的颜色融合；若取消选择该复选框，则使用开始拖动时的图像颜色。

图2-38

小试牛刀：使用"涂抹工具"制作绘画效果　　● ● ●

▶ Step01 将素材文件拖放至 Photoshop中，如图2-39所示。

▶ Step02 选择"涂抹工具"，调整画笔，在图像上进行涂抹，如图2-40所示。至此，完成使用"涂抹工具"制作绘画效果的操作。

图2-39

图2-40

2.2.4 亮部提亮——减淡工具

减淡工具主要是通过增加图像的曝光度来提亮图像。选择"减淡工具" ，显示其属性栏，如图2-41所示。

图2-41

该属性栏中主要选项的功能介绍如下：

● 范围：设置加深的作用范围，包括3个选项，分别为阴影、中间调和高光。选"阴影"选项时，可以更改暗部区域；选择"高光"选项时，可以更改亮部区域；选择"中间调"选项时，可以更改灰色的中间范围。

● 曝光度：用于设置对图像色彩减淡的程度，取值范围在0%~100%之间，输入的数值越大，对图像减淡的效果就越明显。

● 保护色调：可以保护图像的色调不受影响。

▶ Step01 将素材文件拖放至Photoshop中，如图2-42所示。

▶ Step02 选择"减淡工具"，调整画笔，在图像上进行涂抹，如图2-43所示。

至此，完成使用"减淡工具"调整图像亮度。

图2-42

图2-43

2.2.5 暗部加深——加深工具

加深工具 主要是通过减少图像的曝光度来加深图像，常用于阴影部分的处理。

小试牛刀：使用"加深工具"制作暗角效果

▶ Step01 将素材文件拖放至Photoshop中，选择"加深工具"，在属性栏中设置参数，如图2-44所示。

▶ Step02 按Ctrl+J组合键复制图层，如图2-45所示。

▶ Step03 选择"加深工具"，调整画笔，在图像四周进行涂抹，如图2-46所示。

至此，完成使用"加深工具"制作暗角效果的操作。

范围：中间调 曝光度：20% △ 0° ✓ 保护色调

图2-44

图2-45

图2-46

2.2.6 调整图像饱和度——海绵工具

使用海绵工具，可以增加或降低图像中某个区域的色彩饱和度。选择"海绵工具" ，显示其属性栏，如图2-47所示。

图2-47

该属性栏中主要选项的功能介绍如下：

● 模式：设置更改饱和度的方式，包括"去色"和"加色"两种。

● 流量：控制饱和的力度。流量越大，效果越明显。

● 自然饱和度：勾选此复选框，可以在增加饱和度的同时防止颜色过度饱和产生溢色现象。

小试牛刀：使用"海绵工具"调整图像饱和度 ● ● ●

▶ Step01 将素材文件拖放至Photoshop中，如图2-48所示。

▶ Step02 选择"海绵工具"，调整画笔，在背景处进行涂抹使其去色，如图2-49所示。

▶ Step03 在属性栏中更改参数，如图2-50所示。

▶ Step04 在花朵的位置上进行涂抹，如图2-51所示。

▶ Step05 将模式更改回"去色"，在溢色的部分进行涂抹调整，如图2-52所示。

至此，完成使用"海绵工具"调整图像饱和度的操作。

图2-48   图2-49

图2-50

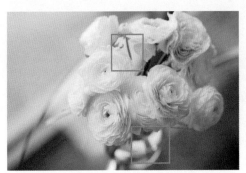 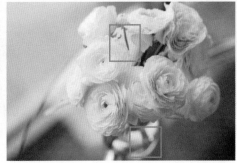

图2-51   图2-52

2.3 还原历史操作——恢复与二次创作

在操作过程中，可使用历史记录画笔工具还原对图像的操作过程，也可以使用历史记录艺术画笔工具对图像进行二次创作。

2.3.1 恢复图像操作——历史记录画笔工具

历史记录画笔工具主要功能是恢复图像。选择"历史记录画笔工具" ，显示其属性栏，如图2-53所示。在属性栏中可以设置画笔的模式以及不透明度等。

图2-53

小试牛刀：使用快照还原图像部分颜色

▶ Step01 将素材文件拖放至Photoshop中，如图2-54所示。
▶ Step02 按Ctrl+Shift+U组合键去色，如图2-55所示。
▶ Step03 在"历史记录"面板中单击 建立快照，如图2-56所示。

图2-54

图2-55

图2-56

▶ Step04 选择"历史记录画笔工具"在花朵的位置进行涂抹，如图2-57所示。

▶ Step05 在"历史记录"面板中单击更改"历史记录"画笔源，如图2-58所示。

▶ Step06 继续涂抹调整，如图2-59所示。

至此，完成使用快照还原图像部分颜色的操作。

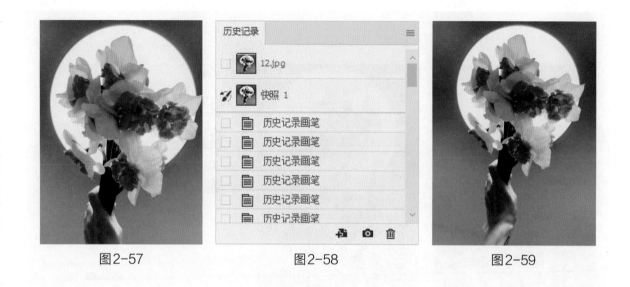

图2-57 图2-58 图2-59

2.3.2 创建特殊效果——历史记录艺术画笔工具

使用历史记录艺术画笔工具可以产生一定的艺术笔触，创建不同的颜色和艺术风格的图像。选择"历史记录艺术画笔工具" ，显示其属性栏，如图2-60所示。

图2-60

该属性栏中主要选项的功能介绍如下：

● 样式：选择一个选项来控制绘制描边的形状。

● 区域：用来控制绘画时描边的范围，数值越大，描边的范围则越大。

● 容差：输入数值以限定可应用绘画描边的区域。低容差可用于在图像中的任何地方绘制无数条描边；高容差将绘画描边限定在与源状态或快照中的颜色明显不同的区域。

小试牛刀：制作水彩画的效果

▶ Step01 将素材文件拖放至 Photoshop 中，如图 2-61 所示。

▶ Step02 选择 "历史记录艺术画笔工具"，调整画笔，在图像上进行涂抹，如图 2-62 所示。至此，完成制作水彩画的效果的操作。

图2-61

图2-62

第 3 章
图像颜色调整

扫码观看本章视频

内容导读

本章主要围绕图像颜色的调整进行讲解。在进入正题之前，会对色彩与配色的基础知识进行讲解，然后介绍如何使用色阶、曲线、亮度/对比度校正偏灰偏色的图像；使用色彩平衡、色相/饱和度、照片滤镜、匹配颜色、可选颜色、去色、黑白以及渐变映射对图像的色彩色调进行调整。

学习目标

- 了解色彩与配色相关知识。
- 掌握图像色调的调整方法。
- 掌握图像色彩的调整方法。

3.1 色彩相关知识

本节主要介绍色彩的三大属性、模式以及印象。

3.1.1 色彩三大属性

色彩的三大属性主要指色相、明度以及纯度。

(1)色相

色相指色彩的相貌，是由原色、间色与复色构成的，主要用来区分颜色，例如红、橘红、翠绿、群青等。如图3-1、图3-2所示为蓝色的蓝莓和红色的草莓。

图3-1   图3-2

（2）明度

明度是指色彩的明暗程度。色彩的明度变化有两种情况，一是不同色相之间的明度变化，二是同色相的不同明度变化。在有彩色系中，明度最高的是黄色，明度最低的是紫色，红、橙、蓝、绿属于中明度。在无彩色系中，明度最高的是白色，明度最低的是黑色。提高色彩的明度，可以加入白色，反之加入黑色。如图3-3、图3-4所示为同一幅图像的不同明度。

图3-3

图3-4

（3）纯度

纯度是指色彩的鲜艳程度，也称彩度或饱和度。纯度是色彩感觉强弱的标志。有彩色系中红、橙、黄、绿、蓝、紫等的纯度最高，无彩色系中的黑、白、灰的纯度几乎为零。如图3-5、图3-6所示为同一幅图像的不同纯度。

图3-5

图3-6

3.1.2　色彩的三种模式

色彩的三种常见模式分别是RGB、CMYK以及HSB。

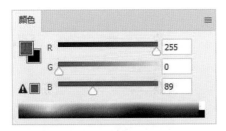

图3-7

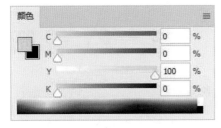

图3-8

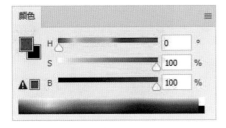

图3-9

（1）RGB

RGB色彩模式是最基础的色彩模式，是一种发光屏幕的加色模式，主要用于计算机屏幕显示。在RGB模式中，R（red）表示红色，G（green）表示绿色，B（blue）表示蓝色。R、G、B的取值范围为0~255，如图3-7所示。当R、G、B值均为0时，则为黑色；当R、G、B值均为255时，则为白色。新建的Photoshop图像的默认色彩模式为RGB模式。

（2）CMYK

CMYK色彩模式是一种减色模式，主要用于印刷领域。在CMYK模式中，C（cyan）表示青色，M（magenta）表示洋红（品红）色，Y（yellow）表示黄色，K（black）表示黑色，如图3-8所示。C、M、Y分别是红、绿、蓝的互补色。其中，为了避免歧义，黑色用K表示。

（3）HSB

HSB又称HSV，是最接近人眼观察颜色的一种模式。在HSB模式中，H（hue）表示色相；S（saturation）表示饱和度；B（brightness）表示明度，如图3-9所示。所有的颜色都可以用H、S、B三个特性来描述。

◉ 知识链接：

色光三原色：红、绿、蓝。颜料三原色：红、黄、蓝。印刷三原色：
青、洋红、黄。

3.1.3 色彩的印象

色彩的印象有具象与抽象之分。具象色彩是指自然界存在的色彩，例如蓝色的天空、绿色的树林。抽象色彩是人对色彩附加情感的认知，例如蓝色代表理智、冷静。

以四季为例：

● 春天是万物复苏的季节，代表着希望，可以用淡淡的颜色表示，例如新绿、淡粉、嫩黄等，如图3-10所示。

● 夏天是充满活力的季节，代表着活力，可以用明亮暖色或清凉冷色表示，例如翠绿、红橙、蓝紫等，如图3-11所示。

● 秋天是成熟丰收的季节，代表着沉稳，可以用成熟的自然色或大地色表示，例如深棕、咖色、金黄等，如图3-12所示。

● 冬天是万物闭藏的季节，代表着低调，可以用沉寂冷清的冷色表示，例如雪白、深绿、淡蓝等，如图3-13所示。

图3-10

图3-11　　　　　　　　　　　图3-12　　　　　　　　　　　图3-13

　　色相决定了情感的基调，明度确定了强度，纯度确定了态度。纯度越高，态度越积极；纯度越低，态度越消极。见表3-1。

表 3-1

颜色	主题颜色	积极	消极
红色		激情、乐观、生命、热烈	愤怒、警示、危险、血腥
橙色		热情、朝气、明快、温暖	欺诈、嫉妒、粗俗、可怜
黄色		单纯、阳光、丰收、幸福	低俗、贫乏、欺骗、空虚
绿色		希望、青春、自然、和谐	贪婪、恶心、侵蚀、冷漠
蓝色		智慧、冷静、清爽、理性	消沉、寒冷、悲伤、陌生
紫色		优雅、高贵、神秘、浪漫	忧郁、疯狂、孤独、不安
黑色		严肃、高级、威严、时尚	邪恶、恐惧、黑暗、自卑
白色		正义、纯洁、善良、简约	空虚、孤立、恐怖、寒冷

3.2 关于配色

本节主要介绍关于配色的基础理论知识、原则与配色技巧。

3.2.1　认识色相环

学习配色之前，首先要认识色相环。色相环是以红、黄、蓝三色为基础，经过三原色的混合产生间色、复色，彼此都呈一个等边三角形的状态。色相环有6～72色多种，以12色环为例，主要是由原色、间色、复色、类似色、邻近色、互补色、对比色组成。下面进行具体的介绍。

● 原色：色彩中最基础的三种颜色，即红、黄、蓝。原色是其他颜色混合不出来的，如图3-14所示。

● 间色：又称第二次色，由三原色中的任意两种原色相互混合而成。如红+黄=橙，黄+蓝=绿，红+蓝=紫，如图3-15、图3-16所示。三种原色混合出的是黑色。

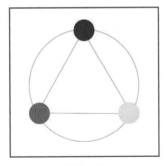

图3-14

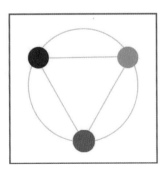

图3-15

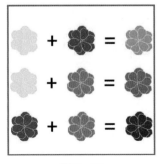

图3-16

● 复色：又称第三次色，是由原色和间色混合而成。复色的名称一般由两种颜色组成，如黄绿、黄橙、蓝紫等，如图3-17、图3-18所示。

● 类似色：色相环中夹角为60°以内的色彩为类似色。其色相对比差异不大，给人统一、稳定的感觉，如图3-19所示。

● 邻近色：色相环中夹角为60°~90°的色彩为邻近色。其色相彼此近似，和谐统一，给人舒适、自然的视觉感受，如图3-20所示。

● 对比色：色相环中夹角为120°左右的色彩为对比色。其可使画面具有矛盾感，矛盾越鲜明，对比越强烈，如图3-21所示。

● 互补色：色相环中夹角为180°的色彩为互补色。互补色有强烈的对比效果，如图3-22所示。

在色相环中，还可以根据感官大致分为暖色、冷色与中性色，如图3-23所示。

① 暖色：红、橙、黄，给人以热烈、温暖之感。

② 冷色：蓝、蓝绿、蓝紫，给人距离、凉爽之感。

③ 中性色：介于冷暖之间的紫色和黄绿色。

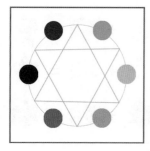

图3-17

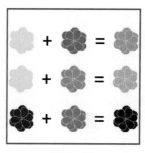

图3-18

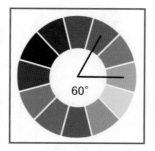

图3-19

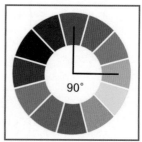

图3-20

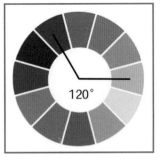

图3-21

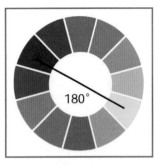

图3-22

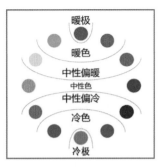

图3-23

3.2.2 配色原则

在一个画面中，通常有一个主要突出的颜色，我们可以称之为主色。主色占据视觉中心点，占比约70%，奠定了作品传达的信息与风格。仅次于主色，起到补充作用的是副色，也称辅助色，占比约25%，突出主色的同时可使整个画面更加饱满。最后一个是点缀色，不一定是一种颜色，也可以是多种，占比约5%，主要起到画龙点睛与引导的作用。如图3-24所示为主色、辅助色和点缀色百分比表示效果图。

主色　　　　　　　点缀色 辅助色

图3-24

3.2.3　配色技巧

了解了配色的基本原则后，下面介绍几个配色设计的小技巧。

- 无色设计：使用无色的黑、白、灰进行搭配。
- 单色配色：在同一种色相上进行纯度、明度变化搭配，形成明暗变化，给人协调统一的感觉。
- 原色配色：使用红、黄、蓝进行搭配。
- 二次色配色：使用绿、紫、橙进行搭配。
- 三次色配色：使用红橙、黄绿、蓝紫、蓝绿、黄橙以及红紫进行搭配。
- 中性搭配：加入一种颜色的补色或黑色，使色彩消失或中性化。
- 类比配色：在色相环上任选三种以上连续的颜色或任一明色和暗色进行搭配。
- 冲突配色：把一个颜色和它补色左右两边的颜色搭配使用。
- 分裂补色配色：把一个颜色和它补色任一边的颜色搭配使用。
- 互补配色：使用色相环上的互补色进行搭配。

3.3　校正偏灰偏色图像

本小节主要介绍使用色阶、曲线以及亮度/对比度校正偏灰偏色的图像。

3.3.1　色阶

　　色阶主要用来调整图像的高光、中间调以及阴影的强度级别，从而校正图像的色调范围和色彩平衡。执行"图像>调整>色阶"命令或按Ctrl+L组合键，弹出"色阶"对话框，如图3-25所示。

　　该对话框中主要选项的功能介绍如下：

● 预设：在其下拉列表框中选择预设色阶文件对图像进行调整。

● 通道：在其下拉列表框中选择调整整体或者单个通道色调的通道。

● 输入色阶：该选项对应下方直方图下的三个滑块，拖动即可调整图像的阴影、高光以及中间调。

● 输出色阶：设置图像亮度范围，其取值范围为0 ~ 255，两个数值分别用于调整暗部色调和亮部色调。

●"自动"按钮：单击该按钮，Photoshop将以0.5的比例对图像进行调整，把最亮的像素调整为白色，而把最暗的像素调整为黑色。

● 吸管区域：单击 🖋 在图像中取样，可以将单击处的像素调整为黑色，同时图像中比该单击点亮的像素也会变成黑色。单击 🖋 在图像中取样，可以根据单击点设置灰度色，从而改变图像的色调。单击 🖋 在图像中取样，可以将单击处的像素调整为白色，同时图像中比该单击点亮的像素也会变成白色。

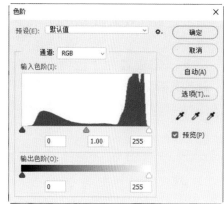

图3-25

(◎) 知识链接：

　　按住Alt键，"取消"按钮 **取消** 会变为"复位"按钮 **复位** ，单击该按钮，可将参数设置恢复到默认值。

小试牛刀：使用"色阶"调整灰阶图像

▶ Step01 将素材文件拖放至 Photoshop中，如图3-26所示。

▶ Step02 按Ctrl+J组合键复制图像，如图3-27所示。

▶ Step03 按Ctrl+L组合键，在弹出的"色阶"对话框中调整参数，如图3-28所示。

▶ Step04 完成后按"确定"即可，最终效果如图3-29所示。

至此，完成使用"色阶"调整灰阶图像的操作。

图3-26

图3-27

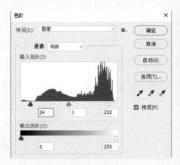

图3-28

图3-29

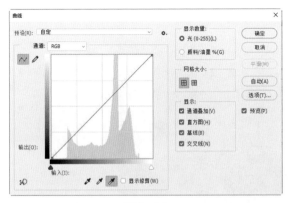

图3-30

3.3.2 曲线

曲线不仅可以调整图像整体的色调,还可以精确地控制图像中多个色调区域的明暗度,可以将一幅整体偏暗且模糊的图像变得清晰、色彩鲜明。执行"图像>调整>曲线"命令或按Ctrl+M组合键,弹出"曲线"对话框,如图3-30所示。

该对话框中主要选项的功能介绍如下:

● 曲线编辑框:曲线的水平轴表示原始图像的亮度;垂直轴表示处理后新图像的亮度;曲线的斜率表示相应像素点的灰度值。在曲线上单击并拖动可创建控制点调整色调。

● 编辑点以修改曲线：表示以拖动曲线上控制点的方式来调整图像。

● 通过绘制来修改曲线：单击该按钮后将鼠标移到曲线编辑框中,当其变为 形状时单击并拖动,绘制需要的曲线来调整图像。

● 按钮：控制曲线编辑框中曲线的网格数量。

●"显示"选项区:只有勾选这些复选框才会在曲线编辑框里相应显示3个通道叠加以及基线、直方图和交叉线的效果。

小试牛刀：使用"曲线"调整偏色图像

▶ Step01 将素材文件拖放至
Photoshop中，如图3-31所示。

▶ Step02 按Ctrl+J组合键复制
图像，如图3-32所示。

▶ Step03 按Ctrl+M组合键，
在弹出的"色阶"对话框
中单击 ✐ 按钮，在图像右
下角单击取样，如图3-33、
图3-34所示。

至此，完
成使用"曲
线"调整偏色
图像的操作。

图3-31

图3-32

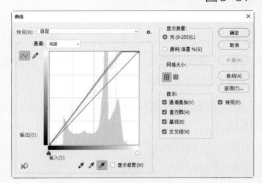

图3-33

图3-34

3.3.3 亮度/对比度

亮度/对比度主要用来增加图像的清晰度。执行"图像>调整>亮度/对比度"命令，即可打开"亮度/对比度"对话框。

> **小试牛刀：使用"亮度/对比度"调整图像** ● ● ●

▶ Step01 将素材文件拖放至Photoshop中，按Ctrl+J组合键复制图像，如图3-35所示。

▶ Step02 执行"图像>调整>亮度/对比度"命令，在弹出的对话框中单击"自动"按钮，如图3-36所示。

图3-35

图3-36

▶ Step03 调整参数，如图3-37所示。

▶ Step04 最终效果如图3-38所示。

至此，完成使用"亮度/对比度"调整图像的操作。

图3-37

图3-38

3.4　图像中色彩色调的调整

本小节主要介绍使用色彩平衡、色相/饱和度、照片滤镜、匹配颜色、可选颜色、去色、黑白、渐变映射调整图像的色彩色调。

3.4.1 制作泛黄老照片——色彩平衡

色彩平衡可在图像原色的基础上根据需要来添加其他颜色，或通过增加某种颜色的补色以减少该颜色的数量，从而改变图像的色调。执行"图像>调整>色彩平衡"命令或按Ctrl+B组合键，弹出"色彩平衡"对话框，如图3-39所示。

该对话框中主要选项的功能介绍如下：

● 色彩平衡：在"色阶"后的文本框中输入数值即可调整组成图像的6个不同原色的比例，也可直接用鼠标拖动文本框下方3个滑块的位置来调整图像的色彩。

● 色调平衡：用于选择需要进行调整的色彩范围，包括阴影、中间调和高光，选中某一个单选按钮，就可对相应色调的像素进行调整。勾选"保持明度"复选框时，调整色彩时将保持图像明度不变。

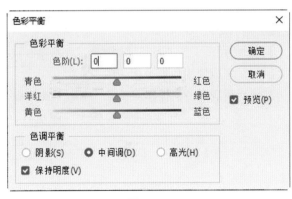

图3-39

小试牛刀：制作泛黄老照片

▶ Step01 将素材文件拖放至 Photoshop 中，按 Ctrl+J 组合键复制图像，如图 3-40 所示。

▶ Step02 按 Ctrl+Shift+U 组合键去色，如图 3-41 所示。

▶ Step03 按 Ctrl+B 组合键，在弹出的"色彩平衡"对话框中调整参数，如图 3-42 所示。

▶ Step04 最终效果如图 3-43 所示。

至此，完成使用色彩平衡制作泛黄老照片的操作。

图 3-40

图 3-41

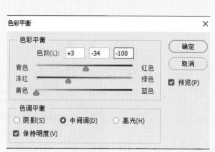

图 3-42

图 3-43

3.4.2 更改图像颜色——色相/饱和度

色相/饱和度不仅可以用于调整图像像素的色相和饱和度，还可以用于灰度图像的色彩渲染，从而为灰度图像添加颜色。执行"图像>调整>色相/饱和度"命令或按Ctrl+U组合键，弹出"色相/饱和度"对话框，如图3-44所示。

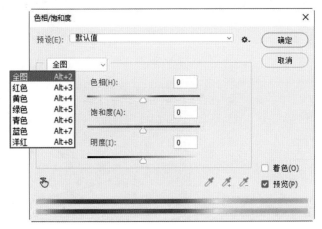

图3-44

该对话框中主要选项的功能介绍如下：

● 预设：在"预设"下拉列表框中提供了8种色相/饱和度预设，单击"预设选项"⚙按钮，可以对当前设置的参数进行保存，或者载入一个新的预设调整文件。

● 通道[全图　∨]：在该下拉列表框中可对全图、红色、黄色、绿色等通道进行选择调整。选择通道后，可以拖动"色相""饱和度""明度"滑块进行调整。

● 移动工具🖑：选择此按钮，在图像上单击并拖动鼠标可修改饱和度，按Ctrl键单击鼠标可修改色相。

● 着色：勾选该复选框，图像会整体偏向于单一的色调，则通过调整色相和饱和度，使图像呈现多种富有质感的单色调效果。

小试牛刀：制作单色调图像

▶ Step01 将素材文件拖放至 Photoshop 中，按 Ctrl+J 组合键复制图像，如图 3-45 所示。

▶ Step02 按 Ctrl+B 组合键，在弹出的"色相/饱和度"对话框中勾选"着色" ☑ 着色(O) ，效果如图 3-46 所示。

▶ Step03 参数设置如图 3-47 所示。

▶ Step04 单击"确定"按钮完成设置，效果如图 3-48 所示。

至此，完成使用色相/饱和度制作单色调图像的操作。

图 3-45

图 3-46

图 3-47

图 3-48

3.4.3　为图像添加滤镜——照片滤镜

照片滤镜主要是模拟在镜头前叠加有色滤镜的效果。执行该命令可以调整通过"镜头"传输的光的色彩平衡、色温等，以改变照片的颜色倾向。执行"图像>调整>照片滤镜"命令，弹出"照片滤镜"对话框，如图3-49所示。

该对话框中主要选项的功能介绍如下：

● 滤镜：在该下拉列表框中选取一个滤镜颜色。加温滤镜为暖色调，以橙色为主；冷却滤镜为冷色调，以蓝色为主。

● 颜色：对于自定义滤镜，为选择颜色选项。单击颜色方块，在弹出的拾色器中为自定义滤镜指定颜色。

● 密度：调整应用于图像的颜色数量。直接输入参数或拖动滑块调整。密度越大，颜色调整幅度就越大。

● 保留明度：勾选该复选框，以保持图像中的整体色调平衡，防止图像的明度值随颜色的更改而改变。

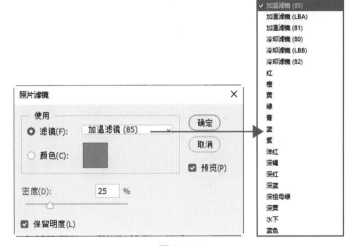

图3-49

小试牛刀：制作梦幻蓝色调图像

▶ Step01 将素材文件拖放至Photoshop中，按Ctrl+J组合键复制图像，如图3-50所示。

▶ Step02 执行"图像>调整>照片滤镜"命令，在弹出的对话框中设置参数，如图3-51所示。

▶ Step03 单击"确定"按钮完成设置，效果如图3-52所示。

至此，完成使用照片滤镜制作梦幻蓝色调图像的操作。

图3-50

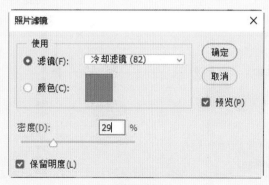

图3-51

图3-52

3.4.4　统一图像色彩——匹配颜色

匹配颜色是将一个图像作为源图像，另一个图像作为目标图像，以源图像的颜色与目标图像的颜色进行匹配。源图像和目标图像可以是两个独立的文件，也可以是同一个图像中不同图层之间的颜色。

小试牛刀：统一图像色调

▶ Step01 选中两张素材文件拖放至Photoshop中，如图3-53所示。

▶ Step02 选中文档11(1).jpG，执行"图像>调整>匹配颜色"命令，在弹出的对话框中设置参数，如图3-54所示。

图3-53

图3-54

▶ Step03 单击"确定",效果如图3-55所示。

▶ Step04 按Ctrl+U组合键,在弹出的"色相/饱和度"对话框中调整参数,如图3-56所示,效果如图3-57所示。

至此,完成使用匹配颜色统一图像色调的操作。

图3-55

图3-56

图3-57

3.4.5 校正图像色彩——可选颜色

可选颜色可以校正颜色的平衡，选择某种颜色范围进行有针对性的修改，在不影响其他原色的情况下修改图像中的某种原色的数量。

小试牛刀：校正偏色图像 ● ● ●

▶ Step01 将素材文件拖放至Photoshop中，按Ctrl+J组合键复制图像，如图3-58所示。

▶ Step02 执行"图像>调整>可选颜色"命令，弹出"可选颜色"对话框，如图3-59所示。

图3-58

图3-59

▶ Step03 调整参数，如图3-60所示。完成后单击"确定"按钮。

▶ Step04 最终效果如图3-61所示。

至此，完成使用可选颜色校正偏色图像的操作。

图3-60

图3-61

3.4.6 彩色图像变黑白效果——去色

去色即去掉图像的颜色，将图像中所有颜色的饱和度变为0，使图像显示为黑白效果，每个像素的亮度值不会改变。执行"图像>调整>去色"命令或按Shift+Ctrl+U组合键即可实现。

小试牛刀：将彩色照片变黑白效果 ● ● ●

▶ Step01 将素材文件拖放至 Photoshop 中，按 Ctrl+J 组合键复制图像，如图 3-62 所示。

▶ Step02 按 Ctrl+Shift+U 组合键去色，如图 3-63 所示。

至此，完成使用去色将彩色照片变成黑白效果的操作。

图 3-62

图 3-63

3.4.7 彩色图像变灰度图像——黑白

　　"黑白"命令可以将彩色图像轻松转换为层次丰富的灰度图像。执行"图像>调整>黑白"命令，弹出"黑白"对话框，勾选"色调"复选框可以为灰度图像添加单色效果。

小试牛刀：制作更有质感的黑白照片效果

▶ Step01 将素材文件拖放至Photoshop中，按Ctrl+J组合键复制图像，如图3-64所示。

▶ Step02 执行"图像>调整>黑白"命令，在弹出的"黑白"对话框单击"自动"，
效果如图3-65所示。

▶ Step03 调整参数，如图3-66所示，效果如图3-67所示。

至此，完成使用黑白制作更有质感的黑白照片效果的操作。

图3-64　　　　　　　图3-65　　　　　　　图3-66　　　　　　　图3-67

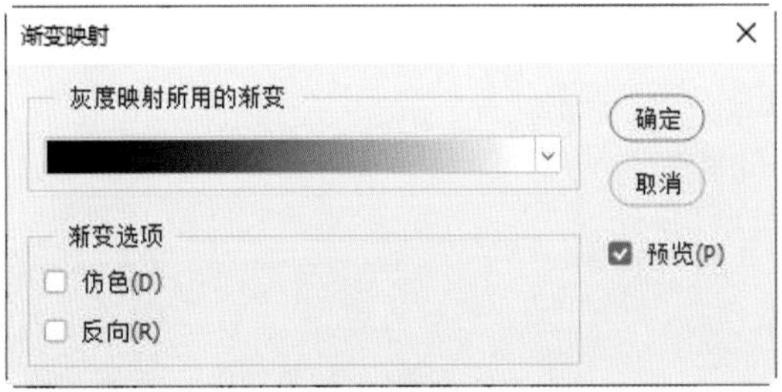

3.4.8 为图像添加渐变效果——渐变映射

渐变映射先将图像转变为灰度图像，将相等的图像灰度映射到指定的渐变填充色，但不能应用于没有任何像素的完全透明图层。执行"图像>调整>渐变映射"命令，在弹出"渐变映射"对话框中设置，如图3-68所示。

图 3-68

小试牛刀：制作萧瑟冷色调图像效果

▶ Step01 将素材文件拖放至 Photoshop 中，按 Ctrl+J 组合键复制图像，如图 3-69 所示。

▶ Step02 执行"图像>调整>渐变映射"命令，弹出"渐变映射"对话框，单击渐变色条，设置渐变颜色，如图 3-70 所示。

图 3-69

图 3-70

▶ Step03 单击确定，效果如图3-71所示。

▶ Step04 更改图层的混合模式为"正片叠底"，效果如图3-72所示。

至此，完成使用渐变映射制作萧瑟冷色调图像效果的操作。

图3-71

图3-72

(⊙) 知识链接：

默认情况下，图像的阴影、中间调和高光分别映射到渐变填充的起始（左端）颜色、中点和结束（右端）颜色。

第4章

图像特效应用

内容导读

本章主要对图像特效应用进行讲解，主要包括如何使用混合选项、斜面和浮雕、描边、内阴影等选项为图层添加图层样式，以及使用Camera Raw滤镜、消失点、风格化、模糊、模糊画廊、像素化、渲染等对图像进行调色、透视贴图操作，添加模糊、变形、光晕等效果。

学习目标

- 掌握图层样式使用方法。
- 掌握滤镜的使用方法。

扫码观看本章视频

4.1　图层样式

图层样式是Photoshop软件一个重要的功能，利用图层样式功能，可以简单快捷地为图像添加投影、内阴影、斜面和浮雕、渐变等效果。

以下三种方法都可以设置图层样式：

● 执行"图层>图层样式"菜单中的相应的命令即可。

● 双击需要添加图层样式的图层缩览图。

● 单击"图层"面板底部的"添加图层样式"按钮，从弹出的下拉菜单中选择任意一种样式。

4.1.1　错位效果——混合选项

双击该图层，弹出"图层样式"对话框，如图4-1所示。

该对话框中主要选项的功能介绍如下：

① 常规混合：

● 混合模式：在下拉列表框中设置图层的色彩叠加方式。

● 不透明度：设置图层的不透明度。

② 高级混合：

● 填充不透明度：设置图层的内部填充颜色。

● 通道：勾选显示混合图像的R、G、B通道。

● 挖空：指定挖空穿透的图层。

③ 混合颜色带：高级蒙版，拖动滑块，可快速隐藏像素。按住Alt键可拆分滑块，在透明与非透明之间创建半透明的过渡区域。

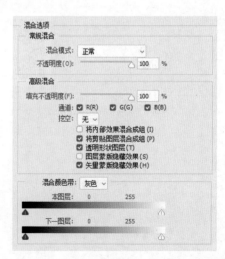

图4-1

小试牛刀：使用"高级混合"制作错位图像

▶ Step01 将素材文件拖放至Photoshop中，按Ctrl+J组合键复制图层，如图4-2所示。

▶ Step02 双击该图层，在弹出的对话框中取消勾选"G"通道，如图4-3所示。

▶ Step03 向右水平移动鼠标，按Ctrl+J组合键复制图层，如图4-4所示。

▶ Step04 双击该图层，在弹出的对话框中取消勾选"R"通道，如图4-5所示。至此，完成错位图像的制作。

图4-2

图4-3

图4-4

图4-5

4.1.2 立体效果——斜面和浮雕

使用"斜面和浮雕"样式，可以添加不同组合方式的浮雕效果，从而增加图像的立体感。在"图层样式"对话框中可以勾选"斜面与浮雕"等选项。斜面和浮雕用于增加图像边缘的明暗度，并增加投影来使图像产生不同的立体感。

- 等高线：在浮雕中创建凹凸起伏的效果。
- 纹理：在浮雕中创建不同的纹理效果。

小试牛刀：制作立体箭头 ● ● ●

▶ Step01 新建文档，填充渐变颜色，如图4-6所示。

▶ Step02 选择自定义箭头，按住Shift键用鼠标绘制，如图4-7所示。

图4-6

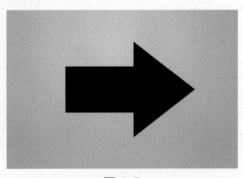
图4-7

▶ Step03 在属性栏中设置相同的填充与描边颜色，如图4-8所示。

▶ Step04 更改描边的大小与样式，如图4-9所示，效果如图4-10所示。

▶ Step05 双击该图层，在弹出的对话框中选择"斜面和浮雕"选项，设置参数，如图4-11所示。

▶ Step06 选择"投影"选项设置参数，如图4-12所示，效果如图4-13所示。

　　至此，完成立体箭头效果的制作。

图4-8

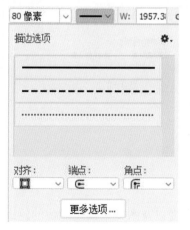

图4-9

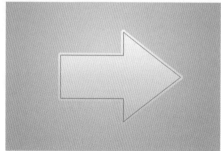

图4-10

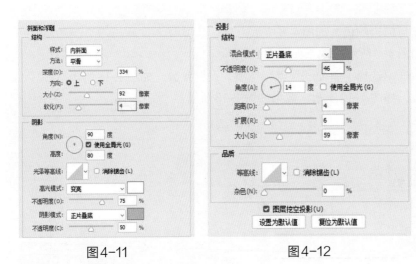

图4-11　　　　　　　　图4-12　　　　　　　　图4-13

4.1.3　描边效果——描边

使用"描边"样式可以使用颜色、渐变以及图案来描绘图像的轮廓边缘。

小试牛刀：为照片添加相框

▶ Step01 将素材文件拖放至 Photoshop中，如图4-14 所示。

▶ Step02 按Ctrl+'组合键显示网格，选择"矩形工具"绘制矩形，使其居中对齐，如图4-15所示。

▶ Step03 双击该图层，在弹出的对话框中设置"描边"参数，如图4-16所示。

▶ Step04 单击"描边"后的 ⊞ 按钮，继续设置参数，如图4-17所示。

图4-14

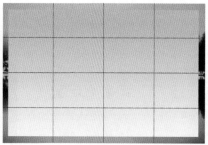

图4-15

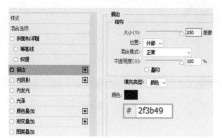

图4-16

图4-17

▶ Step05 调整图层的填充不透明度为0%，如图4-18所示。

▶ Step06 按Ctrl+J组合键复制背景图层，调整大小，效果如图4-19所示。

至此，完成相框的制作。

图4-18

图4-19

4.1.4 暗角效果——内阴影

使用"内阴影"样式，可以在紧靠图层内容的边缘向内添加阴影，使图层呈现凹陷的效果。

小试牛刀：为照片添加暗角

▶ **Step01** 将素材文件拖放至 Photoshop 中，按 Ctrl+J 组合键复制图层，如图 4-20 所示。

▶ **Step02** 双击该图层，在弹出的对话框中选择"内阴影"，设置参数，如图 4-21 所示。

图4-20

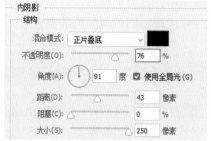

图4-21

▶ **Step03** 调整等高线参数，如图 4-22 所示。

▶ **Step04** 单击"确定"，效果如图 4-23 所示。

至此，完成照片暗角的制作。

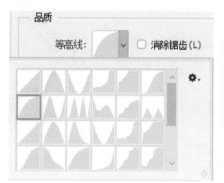

图4-22

图4-23

4.1.5 填充效果——颜色/渐变/图案叠加

使用颜色叠加样式，可以在图像上叠加指定的颜色、渐变以及图案，通过混合模式的修改调整图像与颜色的混合效果。

小试牛刀：为图像添加水印 ● ● ●

▶ Step01 新建500×500透明背景文档，输入水印文字，按Ctrl+T组合键旋转﹣45°，如图4-24所示。

▶ Step02 执行"编辑>定义图案"命令，在弹出的对话框中设置水印图案名称，如图4-25所示。

▶ Step03 打开素材图像，如图4-26所示。

▶ Step04 新建透明图层，填充白色，双击该图层，在弹出的对话框中选择"图案叠加"选项设置参数，如图4-27所示。

▶ Step05 单击"确定"，效果如图4-28所示。

▶ Step06 调整图层的填充不透明度，效果如图4-29所示。
至此，完成水印的添加操作。

图4-24

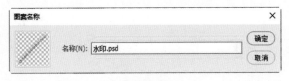

图4-25

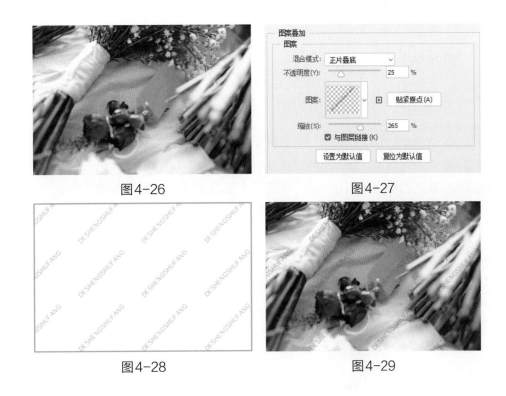

图4-26

图4-27

图4-28

图4-29

知识链接：

在图层样式中，内阴影、渐变叠加、图案叠加以及投影都可以在图像编辑窗口拖动调整。

4.1.6 投影效果—投影

为图层模拟出向后的投影效果，可以增强某部分的层次感以及立体感。

小试牛刀：为图像添加投影 ● ● ●

▶Step01 新建文档并填充颜色，将素材文件拖放至Photoshop中，如图4-30所示。

▶Step02 双击该图层，在弹出的对话框中选择"投影"选项设置参数，如图4-31所示。

▶Step03 在"图层"面板中，在"效果"处右击鼠标，在弹出的菜单中选择"创建图层"，如图4-32、图4-33所示。

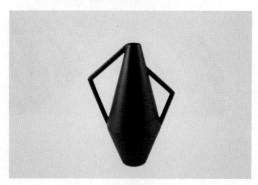

图4-30

图4-31

图4-32

▶ Step04 按Ctrl+T组合键自由变换，按住Shift键向下拖动鼠标，如图4-34所示。

▶ Step05 右击鼠标，在弹出的菜单中选择"斜切"选项，向右拖动鼠标，如图4-35所示。

▶ Step06 继续调整，按Enter键完成，效果如图4-36所示。

图4-33

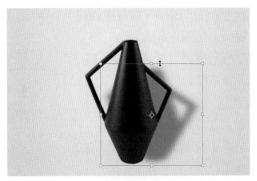

图4-34

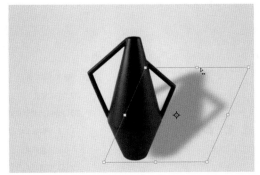

图4-35

图4-36

▶ Step07 在"图层"面板中创建蒙版，如图4-37所示。

▶ Step08 选择"渐变工具" ■，设置渐变为黑白渐变。

▶ Step09 自右上向左下创建渐变，效果如图4-38所示。至此，完成图像投影的添加操作。

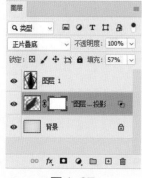

图4-37　　　　　　　　　　图4-38

◉ 知识链接：

执行"窗口>样式"命令，弹出"样式"面板，如图4-39所示，单击样式预设可以快速应用。可以将创建好的样式存储为预设。

单击"菜单"按钮，在弹出的菜单中选择"旧版样式及其他"选项，载入旧版样式，如图4-40所示。

图4-39　　　　　　　　　　图4-40

4.2 滤镜

滤镜(T)	3D(D)	视图(V)	窗口(W)	帮助(H
高反差保留			Alt+Ctrl+F	
转换为智能滤镜(S)				
滤镜库(G)...				
自适应广角(A)...			Alt+Shift+Ctrl+A	
Camera Raw 滤镜(C)...			Shift+Ctrl+A	
镜头校正(R)...			Shift+Ctrl+R	
液化(L)...			Shift+Ctrl+X	
消失点(V)...			Alt+Ctrl+V	
3D			▶	
风格化			▶	
模糊			▶	
模糊画廊			▶	
扭曲			▶	
锐化			▶	
视频			▶	
像素化			▶	
渲染			▶	
杂色			▶	
其它			▶	

图4-41

Photoshop中所有的滤镜都在"滤镜"菜单中。单击"滤镜"按钮，弹出"滤镜"菜单，如图4-41所示。滤镜菜单可分为智能滤镜、独立滤镜组以及特效滤镜组。

● 智能滤镜：应用于智能对象的任何滤镜都是智能滤镜，由于可以调整、移去或隐藏智能滤镜，所以其属于非破坏性滤镜。

● 独立滤镜组：不包含任何滤镜子菜单，直接执行即可使用，菜单包括滤镜库、自适应广角、Camera Raw滤镜、镜头校正、液化以及消失点。

● 特效滤镜组：主要包括3D、风格化、模糊、模糊画廊、扭曲、锐化、像素化、渲染、杂色和其它等滤镜组，每个滤镜组中又包含多种滤镜效果，可根据需要自行选择想要的图像效果。

4.2.1 图像调色——Camera Raw滤镜

Camera Raw滤镜不但提供了导入和处理相机原始数据的功能，也可以用来处理JERG和TIFF格式文件。

▶ Step01 将素材文件拖放至Photoshop中，按Ctrl+J组合键复制图层，如图4-42所示。

▶ Step02 执行"滤镜>Camera Raw滤镜"命令，在弹出的对话框中单击Y按钮调整显示，在最右侧调整基本参数，如图4-43、图4-44所示。

▶ Step03 单击目按钮，调整HSL中的色相、饱和度以及明亮度参数，如图4-45～图4-47所示。

图4-42

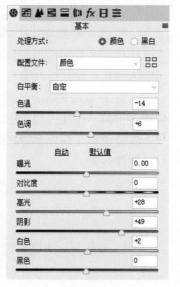

图4-43

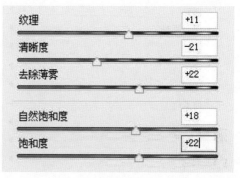

图4-44

▶ Step04 单击 *fx* 按钮，调整颗粒参数，如图4-48所示。

▶ Step05 单击 日 按钮，调整参数，如图4-49所示。最终效果如图4-50所示。

至此，完成对风景照片的调整。

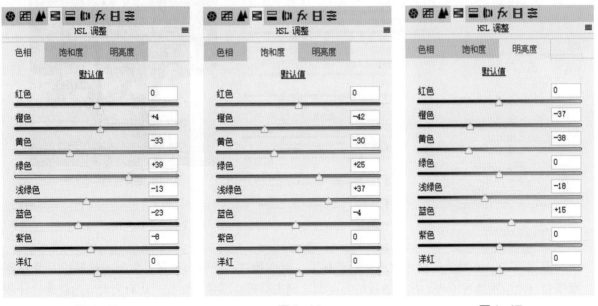

图4-45   图4-46   图4-47

图4-48　　　　　　　　　图4-49　　　　　　　　　图4-50

4.2.2　立体贴图——消失点

消失点能够在保证图像透视角度不变的前提下，对图像进行绘制、仿制、复制或粘贴以及变换等操作。操作会自动应用透视原理，按照透视的角度和比例来自适应图像的修改，从而大大节约精确设计和修饰照片所需的时间。

小试牛刀：盒子透视贴图

▶ Step01 将素材文件拖放至Photoshop中，按Ctrl+A组合键全选，按Ctrl+C组合键复制，如图4-51所示。

▶ Step02 双击素材，在"图层"面板中新建图层，如图4-52所示。

▶ Step03 执行"滤镜>消失点"命令，在弹出的"消失点"对话框中单击并拖动鼠标创建平面，如图4-53所示。

▶ Step04 单击 ⊞ 向右拖动创建平面，按住Alt键调整，如图4-54所示。

图4-51

图4-52

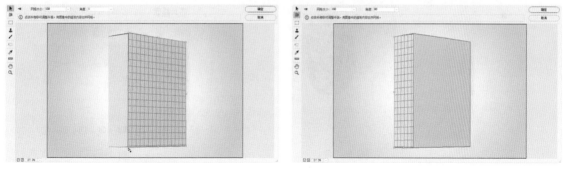

图4-53

图4-54

▶ Step05 按Ctrl+V组合键粘贴图像，如图
4-55所示。

▶ Step06 按Ctrl+T组合键自由变换，按
Enter键完成调整，如图4-56所示。

▶ Step07 设置图层的混合模式为"正片叠
底"，如图4-57所示。

▶ Step08 用"亮度/对比度"调整图层，如
图4-58所示。最终效果如图4-59所示。
至此，完成盒子透视贴图的操作。

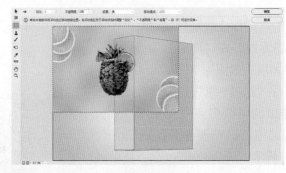

图4-55

图4-56

图4-57

图4-58

图4-59

透视平面的外框和网格通常是蓝色的。若放置节点时出现问题，此平面无效并且外框和网格将变为红色或黄色。

4.2.3 印象派效果——风格化滤镜

风格化滤镜用于通过置换图像像素并增加其对比度，在选区中产生印象派绘画以及其他风格的效果。执行"滤镜>风格化"命令，弹出其子菜单，在菜单中共有9种滤镜，比较常用的有以下几种：

- 查找边缘：该滤镜能查找图像中主色块颜色变化的区域，并将查找到的边缘轮廓描边。
- 风：该滤镜可将图像的边缘进行位移，创建出水平线，用于模拟风的动感效果。
- 拼贴：该滤镜可将图像分解为一系列块状，并使其偏离原来的位置，进而产生不规则拼砖效果。
- 凸出：该滤镜可将图像分解成一系列大小相同且重叠的立方体或椎体，以生成特殊的3D效果。
- 油画：该滤镜可为普通图像添加油画效果。

小试牛刀：制作风效果

▶ Step01 打开素材文档，选择矩形选框工具绘制选区，按住Shift键用鼠标绘制，如图4-60所示。

▶ Step02 按Ctrl+J组合键复制选区，执行"滤镜>风格化>风"命令，在弹出的对话框中设置参数，如图4-61所示。

▶ Step03 执行"滤镜>风"命令，向左移动选区位置，如图4-62所示。

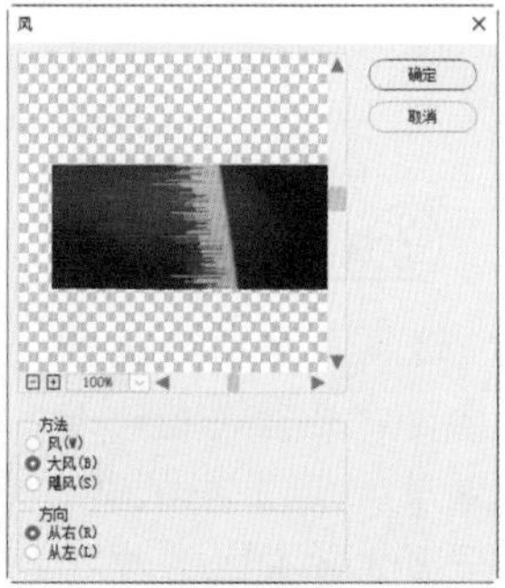

▶ Step04 创建"图案填充"调整图层（图案：Web图案-宽水平线），如图4-63所示。

图4-60

图4-61

图4-62

图4-63

▶ Step05 在"图层"对话框中设置参数，如图4-64所示。

▶ Step06 创建"图案填充"调整图层，效果如图4-65所示。

至此，完成风效果的制作。

图4-64

图4-65

4.2.4 朦胧效果—模糊+模糊画廊滤镜

模糊滤镜组主要用于不同程度地减少相邻像素间颜色的差异，使图像产生柔和、模糊的效果。

① 执行"滤镜>模糊"命令，弹出其子菜单，在菜单中共有11种滤镜，比较常用的有以下几种：

● 动感模糊：该滤镜的效果类似于以固定的曝光时间给一个移动的对象拍照。

● 方框模糊：该滤镜以邻近像素颜色平均值为基准模糊图像。

● 高斯模糊：该滤镜是指对像素进行加权平均时产生钟形曲线，根据数值快速地模糊图像，产生朦胧效果。

● 径向模糊：该滤镜可产生辐射性模糊的效果，模拟相机前后移动或旋转产生的模糊效果。

② 执行"滤镜>模糊画廊"命令，弹出其子菜单，在菜单中共有5种滤镜，该滤镜下的命令都可以在同一个对话框中选择调整。

● 场景模糊：该滤镜可通过定义具有不同模糊量的多个模糊点来创建渐变的模糊效果。将多个图钉添加到图像，并指定每个图钉的模糊量，最终结果是合并图像上所有模糊图钉的效果。也可在图像外部添加图钉，以对边角应用模糊效果。

● 光圈模糊：该滤镜可使图片模拟浅景深效果。

● 移轴模糊：该滤镜可模拟倾斜偏移镜头拍摄的图像。

● 路径模糊：该滤镜可沿路径创建运动模糊。

● 旋转模糊：该滤镜可模拟在一个或更多点旋转和模糊图像。

小试牛刀：制作景深效果

▶ Step01 将素材文件拖放至Photoshop中，按Ctrl+J组合键复制图层，如图4-66所示。

▶ Step02 执行"滤镜>模糊画廊>光圈模糊"命令，在弹出的对话框中调整光圈，如图4-67所示。

图4-66

图4-67

▶ Step03 在属性栏中勾选 ☑ 将蒙版存储到通道 ，按Enter键完成调整。

▶ Step04 在"通道"面板中，按住Ctrl键载入选区，如图4-68、图4-69所示。

▶ Step05 执行"滤镜>模糊>动感模糊"命令，在弹出的对话框中设置参数，如图4-70所示。

▶ Step06 选择"历史记录画笔工具"，设置不透明度为20%，调整过渡显示，效果如图4-71所示。
至此，完成景深效果的制作。

图4-68

图4-69

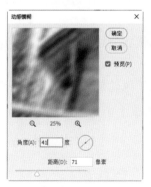

图4-70

图4-71

4.2.5　变形效果——扭曲滤镜

　　扭曲滤镜组主要用于对平面图像进行扭曲，使其产生旋转、挤压、水波和三维等变形效果。执行"滤镜>扭曲"命令，弹出其子菜单，在菜单中共有9种滤镜，比较常用的有以下几种：

- 波浪：该滤镜可根据设定的波长和波幅产生波浪效果。
- 波纹：该滤镜可根据参数设定产生不同的波纹效果。
- 极坐标：该滤镜可将图像从直角坐标系转化成极坐标系或从极坐标系转化为直角坐标系，产生极端变形效果。
- 切变：该滤镜能根据在对话框中设置的垂直曲线来使图像发生扭曲变形。
- 球面化：该滤镜能使图像区域膨胀实现球面化，形成类似将图像贴在球体或圆柱体表面的效果。
- 水波：该滤镜可模仿水面上产生的起伏状波纹和旋转效果，用于制作同心圆类的波纹。
- 旋转扭曲：该滤镜可使图像产生类似于风轮旋转的效果，甚至可以产生将图像置于一个大旋涡中心的螺旋扭曲效果。

小试牛刀：制作极坐标全景效果

▶ Step01 将素材文件拖放至Photoshop中，如图4-72所示。

▶ Step02 使用"裁剪工具"裁剪成1：1方形效果，如图
4-73所示。

▶ Step03 执行"图像>图像旋转>垂直翻转画布"命令，如
图4-74所示。

▶ Step04 执行"滤镜>扭曲>切变"命令，在弹出的对话框
中设置参数，如图4-75、图4-76所示。

图4-72

图4-73

图4-74

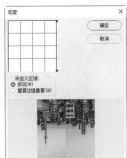

图4-75

图4-76

▶ Step05 执行"滤镜>扭曲>极坐标"命令，在弹出的对话框中设置参数，如图4-77、图4-78所示。

▶ Step06 使用"混合器画笔工具"调整画面，使图像混合得更加自然，调整画面显示与整体色调，如图4-79、图4-80所示。

▶ Step07 执行"滤镜>杂色>添加杂色"命令，在弹出的对话框中设置参数，如图4-81所示。最终效果如图4-82所示。至此，完成极坐标全景效果的制作。

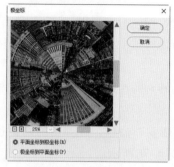

图4-77

图4-78

图4-79

图4-80

图4-81

图4-82

4.2.6 色块效果——像素化滤镜

像素化滤镜组通过将图像中相似颜色值的像素转化成单元格的方法，使图像分块或平面化，将图像分解成肉眼可见的像素颗粒。执行"滤镜>像素化"命令，弹出其子菜单，在菜单中共有7种滤镜，比较常用的有以下几种：

● 点状化：该滤镜在图像中随机产生彩色斑点，点与点间的空隙用背景色填充。

● 晶格化：该滤镜可将图像中颜色相近的像素集中到一个多边形网格中，从而把图像分割成许多个多边形的小色块，产生晶格化的效果。

● 马赛克：该滤镜可将图像分解成许多规则排列的小方块，实现图像的网格化，每个网格中的像素均使用本网格内的平均颜色填充，从而产生类似马赛克般的效果。

● 铜板雕刻：该滤镜能将图像转换为黑白区域的随机图案或彩色图像中完全饱和颜色的随机图案。

小试牛刀：制作乐高拼图效果 ● ● ●

▶ Step01 新建40像素 × 40像素、分辨率为72的文档，新建透明图层填充50%灰色，如图4-83所示。

▶ Step02 双击该图层，添加"斜面和浮雕"样式，如图4-84、图4-85所示。

▶ Step03 绘制正圆，如图4-86所示。

▶ Step04 按住Alt键复制"斜面和浮雕"样式，如图4-87、图4-88所示。

▶ Step05 双击该图层，添加"投影"样式，如图4-89、图4-90所示。

▶ Step06 执行"编辑>定义图案"命令，将图层添加为图案。

▶ Step07 打开素材图像，按Ctrl+J组合键复制图层，如图4-91所示。

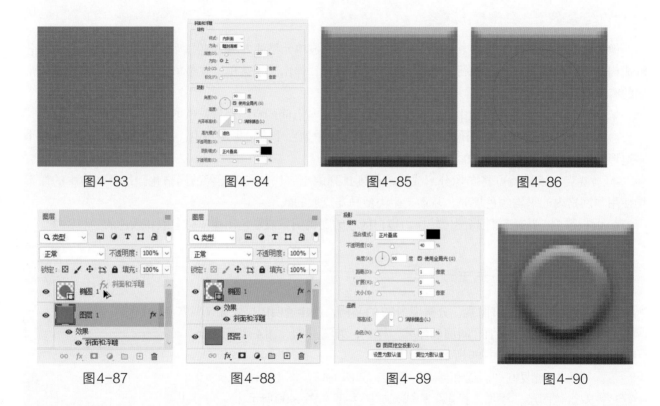

图4-83　　　　　　　　　　图4-84　　　　　　　　　　图4-85　　　　　　　　　　图4-86

图4-87　　　　　　　　　　图4-88　　　　　　　　　　图4-89　　　　　　　　　　图4-90

▶ Step08 执行"滤镜>像素化>马赛克"命令，在弹出的对话框中设置参数，如图4-92、图4-93所示。

▶ Step09 创建"图案填充"调整图层，如图4-94所示。

▶ Step10 更改混合模式为"叠加"，如图4-95所示。

▶ Step11 使用"裁剪工具"裁剪多余部分，效果如图4-96所示。

至此，完成乐高拼图效果的制作。

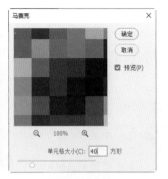

图4-91　　　　　　　　图4-92

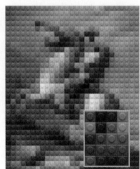

图4-93　　　　图4-94　　　　图4-95　　　　图4-96

121

单元格与图案填充的大小因图像的大小而定，要使图案填充效果与马赛克的单元格重叠，多余的使用"裁剪工具"裁剪。

4.2.7 光晕效果——渲染滤镜

渲染滤镜能够在图像中产生光线照明的效果，通过渲染，还可以制作云彩效果。执行"滤镜>渲染"命令，弹出其子菜单，在菜单中共有8种滤镜，比较常用的有以下几种。

● 光照效果：该滤镜包括17种不同的光照风格、3种光照类型和4组光照属性，可在RGB图像上制作出各种光照效果，也可加入新的纹理及浮雕效果，使平面图像产生三维立体的效果。

● 镜头光晕：该滤镜通过为图像添加不同类型的镜头，从而模拟镜头产生的眩光效果。

● 云彩：该滤镜是唯一能在空白透明层上工作的滤镜，不使用图像现有像素进行计算，而是使用前景色和背景色计算，通常用于制作天空、云彩、烟雾等效果。

小试牛刀：添加镜头光晕

▶ Step01 将素材文件拖放至Photoshop中，如图4-97所示。

▶ Step02 执行"滤镜>渲染>镜头光晕"命令，在弹出的对话框中调整镜头类型，如图4-98所示。效果如图4-99所示。至此，完成镜头光晕效果的添加。

图4-97

图4-98

图4-99

第 5 章

图像绘制密码

扫码观看本章视频

内容导读

本章主要对图像的绘制方法进行讲解，主要包括前景色与背景色、拾色器、吸管工具、油漆桶工具、渐变工具、渐变面板以及色板面板等与颜色相关的设置与工具的使用方法，如何使用手绘必备的画笔工具绘制，如何使用钢笔工具组绘制矢量图像，如何使用形状工具组绘制规则形状。

学习目标

- 了解颜色相关设置与使用方法。
- 掌握画笔工具的使用方法。
- 掌握钢笔工具组的使用方法。
- 掌握形状工具组的使用方法。

5.1 颜色相关设置与工具使用方法

在 Photoshop 中使用画笔、文字、渐变、蒙版、填充以及描边等工具都需要设置相应的颜色。

5.1.1 基础必备——前景色与背景色

在 Photoshop 中，可以使用前景色来绘画、描边和填充选区；使用背景色来生成渐变填充和在图像已抹除的区域中填充。在工具箱底部有一组前景色和背景色的设置按钮，默认前景色是黑色，默认背景色是白色，如图5-1所示。

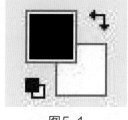

图5-1

- 前景色：单击该按钮，在弹出的拾色器中选取的颜色为前景色。
- 背景色：单击该按钮，在弹出的拾色器中选取的颜色为背景色。
- 默认颜色 ▪□ 按钮：单击该按钮或按D键，恢复默认前景色和背景色。
- 切换颜色 ↰ 按钮：单击该按钮或按X键，切换前景色和背景色。

5.1.2 设置颜色——拾色器

使用拾色器可以设置前景色、背景色和文本颜色，也可以为不同的工具、命令和选项设置目标颜色。有多种方法可以打开拾色器，比较常用的是在工具箱中单击"前景色"按钮，弹出"拾色器"，如图5-2所示。单击颜色库 颜色库 按钮，弹出"颜色库"对话框，如图5-3所示，在该对话框中可根据需要选择预设颜色。

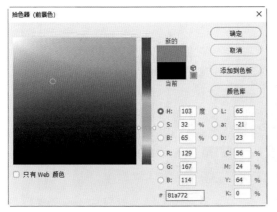

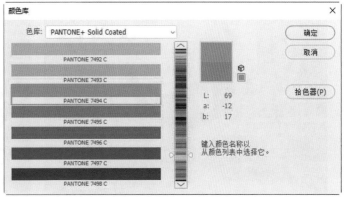

图5-2   图5-3

"拾色器"对话框中主要选项的功能介绍如下。

● 色域/拾取颜色：在色域中拖动鼠标调整当前拾取的颜色。

● 新的/当前："新的"颜色块显示的是当前所设置的颜色；"当前"颜色块中显示的是上一次设置的颜色。

● 非Web安全色警告◎：该警告图标表示当前设置的颜色不能在网络上准确地显示出来，单击该图标下的颜色色块，可以将颜色替换为最接近的Web安全色。

● 颜色滑块▷■◁：上下拖动该滑块更改颜色可选范围。使用色域和颜色滑块调整颜色时，数值发生相应的改变。

● 颜色值区域：显示当前HSB、RGB、Lab和CMYK颜色色值，可通过输入具体的数值进行设置颜色。

● 只有Web颜色：勾选该复选框，在色域中显示Web安全色。

图5-4   图5-5

5.1.3　拾取颜色——吸管工具

　　吸管工具用于采集色样以指定新的前景色或背景色。选择"吸管工具" ，可以从现用图像或屏幕上的任何位置采集色样并单拾取，如图5-4所示。按住Alt键的同时单击任意位置以拾取背景色，如图5-5所示。

　　若要拾取画布外的颜色，可单击鼠标右键拖动拾取颜色，如图5-6所示。

图5-6

⚠ 注意事项：

在非"吸管工具"状态下，按住Alt键的同时单击鼠标为吸取前景色。

5.1.4 填充颜色——油漆桶工具

油漆桶工具可以在图像中填充前景色和图案。选择"油漆桶工具" ，显示其属性栏，如图5-7所示。

图5-7

该属性栏中主要选项的功能介绍如下：

● 填充：可选择前景或图案两种填充。当选择图案填充时，可在后面的下拉列表中选择相应的图案。

● 不透明度：用于设置填充的颜色或图案的不透明度。

● 容差：用于设置油漆桶工具进行填充的图像区域。

● 消除锯齿：用于消除填充区域边缘的锯齿形。

● 连续的：若选择此选项，则填充的区域是和鼠标单击点相似并连续的部分；若不选择此项，则填充的区域是所有和鼠标单击点相似的像素，无论是否和鼠标单击点连续。

● 所有图层：若选择，表示作用于所有图层。

若创建了选区，填充的区域为当前区域，如图5-8所示；若没创建选区，填充的是与鼠标吸取处颜色相近的区域，如图5-9所示。

图5-8

图5-9

小试牛刀：借助参考图像填充图像颜色 ● ● ●

▶ Step01 将素材置入文档中，如图5-10所示。

▶ Step02 栅格化需要填充的图层，如图5-11所示。

▶ Step03 选择"吸管工具"吸取颜色，如图5-12所示。

▶ Step04 选择线稿单击填充，如图5-13所示。

▶ Step05 使用相同的方法填充其他部分，如图5-14所示。

至此，完成填充图像颜色的操作。

图5-10

图 5-11   图 5-12

图 5-13   图 5-14

5.1.5　颜色过渡——渐变工具

渐变工具应用非常广泛，不仅可以填充图像，还可以填充图层蒙版、快速蒙版和通道等。渐变工具可以创建多种颜色之间的逐渐混合。选择"渐变工具" ■，显示其属性栏，如图5-15所示。

图5-15

该属性栏中主要选项的功能介绍如下。

● 渐变颜色条 ：显示当前渐变颜色，单击渐变颜色条，直接显示"渐变编辑器"对话框。单击右侧的下拉按钮 ，可以打开"渐变"拾色器。

　● 线性渐变：单击该按钮，以直线方式从不同方向创建起点到终点的渐变。

　● 径向渐变：单击该按钮，以圆形的方式创建起点到终点的渐变。

　● 角度渐变：单击该按钮，创建围绕起点以逆时针方式扫描的渐变。

　● 对称渐变：单击该按钮，使用均衡的线性渐变在起点的任意一侧创建渐变。

　● 菱形渐变：单击该按钮，以菱形方式从起点向外产生渐变，终点定义为菱形的一个角。

　● 模式：设置应用渐变时的混合模式。

　● 不透明度：设置应用渐变时的不透明度。

　● 反向：选中该复选框，得到反方向的渐变效果。

　● 仿色：选中该复选框，可以使渐变效果更加平滑，防止打印时出现条带化现象，但在显示屏上不能明显地显示出来。

　● 透明区域：选中该复选框，可以创建包含透明像素的渐变。

小试牛刀：创建简易家居Banner

▶ Step01 新建1200像素×180像素文档，置入素材，如图5-16所示。

▶ Step02 移动位置，按Ctrl+E组合键合并图层，如图5-17所示。

▶ Step03 选择"吸管工具"吸取前景色，如图5-18所示。

▶ Step04 选择"渐变工具"，在属性栏中单击渐变色条，在弹出的对话框中设置参数，如图5-19所示。

图5-16

图5-17

图5-18

图5-19

▶ Step05 自左向右多次创建渐变，如图5-20所示。

▶ Step06 使用文字工具以及自定义形状工具进行修饰，如图5-21所示。

至此，完成简易家居Banner制作。

图5-20 图5-21

5.1.6 "渐变"与"色板"面板

执行"窗口>渐变"命令，弹出"渐变"面板，如图5-22所示。单击相应的渐变预设即可应用。若要更改部分颜色，可在"渐变工具"状态下单击渐变色条，在弹出的"渐变编辑器"对话框中进行更改，如图5-23所示。

执行"窗口>色板"命令，弹出"色板"面板，如图5-24所示。单击相应的颜色即可将其设置为前景色，按住Alt键单击相应的颜色可将其设置为背景色。

图5-22

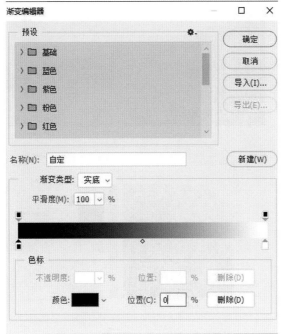

图5-23

图5-24

▶ Step01 将素材文件拖放至 Photoshop 中，新建透明图层，如图5-25所示。

▶ Step02 选择"渐变工具" ▣，单击渐变色条，在弹出的对话框中添加色标并调整不透明度与位置，如图5-26所示。

▶ Step03 选择第一个色标，单击颜色色块，在弹出的"拾色器"中设置红色，如图5-27所示。

▶ Step04 使用相同的方法对剩下的色标分别填充颜色并调整其位置，单击"确定"按钮，如图5-28所示。

图5-25

图5-26

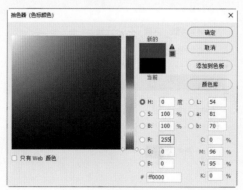

图5-27

图5-28

▶ Step05　在属性栏中选择"径向渐变" ▣ 创建渐变，按Ctrl+T
　　组合键自由变换调整显示位置，如图5-29所示。

▶ Step06　单击 ▣ 按钮添加图层蒙版，设置前景色为黑色，选
　　择"画笔工具"调整显示，如图5-30所示。

▶ Step07　单击图层缩览图，执行"滤镜>模糊>高斯模糊"命
　　令，在弹出的对话框中设置参数，如图5-31所示。

▶ Step08　调整图层的混合模式与不透明度，如图5-32所示。
　　至此，完成彩虹效果的制作。

图5-29

图5-30

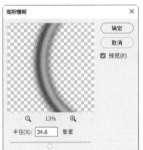

图5-31

图5-32

5.2　手绘必备——画笔工具

画笔工具是 Photoshop 使用频率非常高的工具之一。

5.2.1　画笔工具

画笔工具可以绘制边缘柔和的线条。选择"画笔工具" ✔ 后，将会显示出该工具的属性栏，如图 5-33 所示。

图5-33

该属性栏中主要选项的功能介绍如下。

● 工具预设 ✔：实现新建工具预设和载入工具预设等操作。

●"画笔预设"选取器 ●：单击 按钮，弹出"画笔预设"选取器，可选择画笔笔尖，设置画笔大小和硬度。

● 切换"画笔设置"面板 ☑：单击此按钮，弹出"画笔设置"面板。

● 模式：设置画笔的绘图模式，即绘图时的颜色与当前颜色的混合模式。

● 不透明度：设置在使用画笔绘图时所绘颜色的不透明度。数值越小，所绘出的颜色越浅，反之则越深。

● 流量：设置使用画笔绘图时所绘颜色的深浅。若设置的流量较小，则其绘制效果如同降低透明度一样，但经过反复涂抹，颜色就会逐渐饱和。

● 启用喷枪功能建立效果 ：单击该按钮即可启动喷枪功能，将渐变色调应用于图像，同时模拟传统的喷枪技术，Photoshop 会根据单击程度确定画笔线条的填充数量。

● 平滑：可控制绘画时得到图像的平滑度，数值越大，平滑度越高。单击齿轮 按钮，可启用一个或多个模式，有拉绳模式、描边补齐、补齐描边末端以及调整缩放。

● 设置画笔角度 ：在文本框中设置画笔角度。

● 绘板压力大小控制 ：压感笔压力的大小可以覆盖"画笔"面板中的"不透明度"和"大小"的设置。

● 设置绘图的对称选项 ：单击该按钮有多种对称类型可选，例如垂直、水平、双轴、对角线、波纹、圆形螺旋线、平行线、径向、曼陀罗。

知识链接：

若按住 Shift 键，拖动鼠标可以绘制出直线（水平、垂直或 45°方向）效果（适用于所有画笔工具组的工具）。

小试牛刀：绘制曼陀罗对称图像

▶ Step01 新建800像素×800像素文档，如图5-34所示。

▶ Step02 新建空白图层，如图5-35所示。

▶ Step03 选择"画笔工具"设置参数，如图5-36所示。

▶ Step04 在属性栏中单击▦按钮，在菜单中选择"曼陀罗对称"选项，在弹出的对话框中将段计数设为 6，如图5-37所示。

▶ Step05 自由绘制，如图5-38所示。

图5-34　　　　　　图5-35

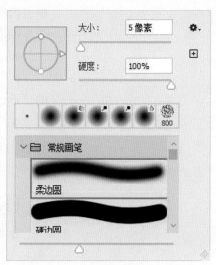

图5-36

▶ Step06 曼陀罗对称最大值为10，自由
绘制效果如图5-39所示。
至此，完成绘制曼陀罗对称图像。

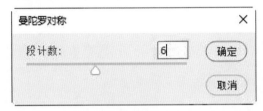

图5-37

图5-38

图5-39

5.2.2 "画笔预设"选取器与"画笔"面板

选择"画笔工具"，在属性栏中单击 按钮，弹出"画笔预设"选取器，如图5-40所示。"大小"为设置画笔笔刷大小；"硬度"为控制画笔边缘的柔和程度。

在实操过程中，可以使用"["键细化画笔或使用"]"键加粗画笔。对于实边圆、柔边圆和书法画笔，按住"Shift+["组合键可以连续减小画笔硬度，按住"Shift+]"组合键可以连续增加画笔硬度。

执行"窗口>画笔"命令，弹出"画笔"面板，如图5-41所示，其显示和参数与"画笔预设"选取器相似。

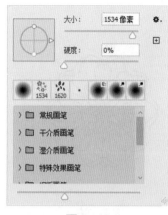

图5-40

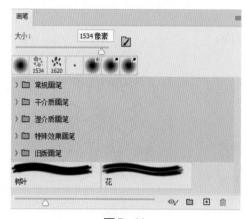

图5-41

小试牛刀：被酸到的橙子 ● ● ●

▶ Step01 将素材文件拖放至Photoshop中，新建透明图层，如图5-42所示。

▶ Step02 设置前景色为黑色，选择"画笔工具"，在属性栏设置参数，如图5-43所示。

▶ Step03 绘制表情，如图5-44所示。

▶ Step04 更改前景色和画笔参数，如图5-45所示。

▶ Step05 新建透明图层并绘制，如图5-46所示。

▶ Step06 更改图层的混合模式为"正片叠底"，不透明度设置为77%，效果如图5-47所示。

至此，完成被酸到的橙子表情绘制。

图5-42

图5-43

图5-44

图5-45

图5-46

图5-47

5.2.3 "画笔设置"面板

在"画笔设置"面板中不仅可以对画笔工具的属性进行设置，还可以针对大部分的画笔模式进行设置，例如画笔工具、铅笔工具、仿制图章工具、历史记录画笔工具、橡皮擦工具、加深工具以及模糊工具等。

打开"画笔设置"面板常见的方法有以下几种：

● 选择"画笔工具"，在属性栏中单击"切换画笔设置面板" 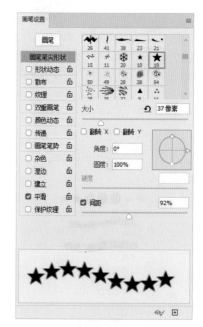按钮；

● 执行"窗口 > 画笔设置"命令；

● 在"画笔"面板中单击"切换画笔设置面板" 按钮；

● 按F5功能键。

（1）画笔笔尖形状

单击面板左侧的"画笔笔尖形状"选项，在面板右侧的列表框中将会显示出相应的画笔形状，如图5-48所示。画笔笔尖形状列表框中主要选项的功能介绍如下。

● 大小：定义画笔笔尖的直径，输入以像素为单位的值，或拖动滑块调整大小。

● 翻转X/翻转Y：设置笔尖形状的翻转效果。

● 角度：设置画笔笔尖的角度。

图5-48

● 圆度：设置椭圆形画笔笔尖长轴和短轴的比例，其取值范围为 0 ～ 100%。

● 硬度：设置画笔笔触的柔和程度，其取值范围为0 ～ 100%。

● 间距：设置在绘制线条时两个绘制点之间的距离。

（2）形状动态

该选项用于设置画笔笔尖的大小、角度和圆度的变化，控制绘画过程中画笔笔尖形状的变化效果。勾选"形状动态"复选框，在面板右侧的列表框中将会显示出相应的画笔参数设置，如图5-49所示。

● 大小抖动：设置画笔笔迹变化的大小。数值越大，图像轮廓越不规则。

● 控制：在该下拉列表框中可以设置抖动的方式，例如关、渐隐、钢笔压力、钢笔斜度等。

● 最小直径：启动"大小抖动"选项时，拖动设置画笔笔迹缩放的最小百分比。数值越大，笔尖直径变化越小。

● 角度抖动/控制：设置画笔笔迹的角度变化大小以及抖动的方式。

● 圆度抖动/控制：设置画笔笔迹的圆度变化大小以及抖动的方式。

● 最小圆度：设置画笔笔迹的最小圆度。

图5-49

（3）散布

该选项控制画笔偏离绘画路径的程度和数量。勾选"散布"复选框，在面板右侧的列表框中将会显示出相应的画笔参数设置，如图5-50所示。散布列表框中主要选项的功能介绍如下。

- 散布：控制画笔偏离绘画路线的程度。百分比越大，则偏离程度就越大。
- 两轴：选中该选项，则画笔将在X、Y两轴上发生分散，反之只在X轴上发生分散。
- 数量：控制绘制轨迹上画笔点的数量。该数值越大，画笔点越多。
- 数量抖动：控制每个空间间隔中画笔点的数量变化。该百分比越大，得到的笔画中画笔点的数量波动幅度越大。

（4）双重画笔

该选项使用两种形状的笔尖创建画笔。勾选"双重画笔"复选框，在面板右侧的列表框中将会显示出相应的画笔参数设置，如图5-51所示。

首先在面板右侧"模式"列表中选择两种笔尖的混合模式，然后在笔尖形状列表框中选择一种笔尖作为画笔的第二个笔尖形状，再来设置叠加画笔的笔尖大小、间距、数量和散布等参数。

（5）纹理

该选项可以绘制出有纹理质感的笔触。勾选"纹理"复选框，在面板右侧的列表框中将会显示出相应的画笔参数设置，如图5-52所示。纹理列表框中主要选项的功能介绍如下。

- 设置纹理/反相：单击图案缩览图右侧图标，在弹出的下拉列表中选择"树""草"以及"雨滴"三种纹理组。若勾选"反相"复选框，可以基于图案中的色调来翻转纹理。

● 缩放：拖动滑块或在数值输入框中输入数值，可以设置纹理的缩放比例。

● 为每个笔尖设置纹理：用来确定是否对每个画笔点都分别进行渲染。若不选择此项，则"深度""最小深度"和"深度抖动"参数无效。

● 模式：用于选择画笔和图案之间的混合模式。

图5-50

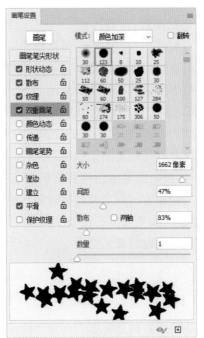

图5-51

图5-52

- 深度：用来设置图案的混合程度，数值越大，图案越明显。
- 最小深度：用来确定纹理显示的最小混合程度。
- 深度抖动：用来控制纹理显示浓淡的抖动程度。该百分比越大，波动幅度越大。

（6）颜色动态

该选项控制画笔的颜色变化，包括前景/背景抖动、色相/饱和度等颜色基本组成要素的随机性设置。勾选"颜色动态"复选框，在面板右侧的列表框中将会显示出相应的画笔参数设置，如图5-53所示。

设置动态颜色属性时，画笔面板下方的预览框并不会显示出相应的效果，动态颜色效果只有在图像窗口绘图时才会看到。颜色动态列表框中主要选项的功能介绍如下。

- 前景/背景抖动：用来设置画笔颜色在前景色和背景色之间的变化。
- 色相抖动：指定画笔绘制过程中画笔颜色色相的动态变化范围，该百分比越大，画笔的色调发生随机变化时越接近背景色色调，反之就越接近前景色色调。
- 饱和度抖动：指定画笔绘制过程中画笔颜色饱和度的动态变化范围，该百分比越大，画笔的饱和度发生随机变化时就越接近背景色的饱和度，反之就越接近前景色的饱和度。
- 亮度抖动：指定画笔绘制过程中画笔亮度的动态变化范围，该百分比越大，画笔的亮度发生随机变化时就越接近背景色亮度，反之就越接近前景色亮度。
- 纯度：设置绘图颜色的纯度。

（7）传递

该选项设置笔刷的不透明度抖动与流量抖动效果。勾选"传递"复选框，在面板右侧的列表框中将会显示出相应的画笔参数设置，如图5-54所示。

（8）画笔笔势

该选项用于调整毛刷画笔笔尖、侵蚀画笔笔尖的角度。勾选"画笔笔势"复选框，在面板右侧的列表框中将会显示出相应的画笔参数设置，如图5-55所示。

图5-53

图5-54

图5-55

（9）其他选项设置

"画笔设置"面板中还有多个选项，勾选任一选项将为画笔添加相应的效果，不可调整参数，如图5-56所示。

● 杂色：在画笔边缘增加杂点效果。

● 湿边：使画笔边界呈现湿边效果，类似于水彩绘画。

● 平滑：可以使绘制的线条更平滑。

● 保护纹理：选择此选项后，当使用多个画笔时，可模拟一致的画布纹理效果。

图5-56

小试牛刀：制作花卉笔刷

▶ Step01 新建文档，在"自定形状工具" <img_1 icon>的属性栏中选择"花卉>形状45" <icon>，按住Shift键拖动鼠标绘制并填充颜色，如图5-57所示。

▶ Step02 执行"编辑>定义画笔预设"命令，在弹出的对话框中设置名称，如图5-58所示。

▶ Step03 新建透明图层，设置前景色与背景色，按"["键和"]"键调整画笔大小，单击可绘制，也可按住鼠标进行拖动，如图5-59、图5-60所示。

图5-57

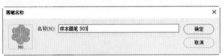

图5-58

图5-59

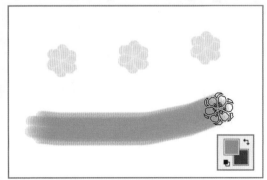

图5-60

▶ Step04 在属性栏中单击"切换画笔设置面板" ☑按钮，在弹出的对话框中设置参数，如图 5-61 ~图5-64所示。

▶ Step05 新建透明图层，单击可绘制，也可按住鼠标进行拖动，按"["键与"]"键调整画笔大 小，如图5-65所示。

▶ Step06 单击"菜单" ≡按钮，在弹出的菜单中选择"新建画笔预设"选项，如图5-66所示。 至此，完成花卉笔刷的制作。

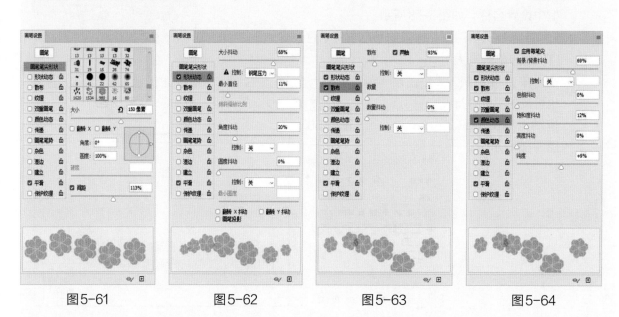

图5-61　　　　　　图5-62　　　　　　图5-63　　　　　　图5-64

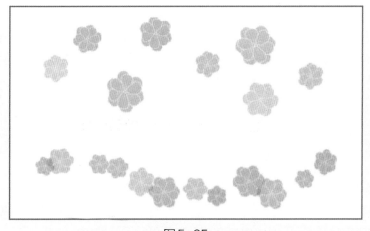

图5-65

图5-66

5.3　矢量绘图——钢笔工具组

　　钢笔工具是最基本、也是最常用的矢量绘图工具，使用它可以精确创建光滑而复杂的路径。

5.3.1 钢笔工具

在图像中单击鼠标创建路径起点，此时在图像中会出现一个锚点，根据物体形态移动鼠标改变点的方向，按住Alt键将锚点变为单方向锚点，贴合图像边缘直到光标与创建的路径起点相连接，路径自动闭合。选择"钢笔工具"、后，将会显示出该工具的属性栏，如图5-67所示。

图5-67

该属性栏中主要选项的功能介绍如下。

① 选择工具模式：若绘制路径，可在该下拉列表框中选择"路径" 路径 ∨ 模式，该模式不会生成新的图层；若是建立带矢量蒙版的形状图层，则应选择"形状" 形状 ∨ 模式。

② 路径操作：单击 ✿ 图标可选择路径区域以确定重叠路径组件如何交叉，如图5-68所示。

● 新建图层 ▢：默认路径操作，新建路径生成新图层。

● 合并形状 ⬚：将新区域添加到重叠路径区域。

● 减去顶层形状 ⬚：将新区域从重叠路径区域移去。

● 与形状区域相交 ⬚：将路径限制为新区域和现有区域的交叉区域。

● 排除重叠形状 ⬚：从合并路径中排除重叠区域。

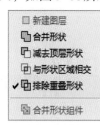

图5-68

（!） 注意事项：

只有"新建图层"选项会自动生成新图层，其他选项只作用于选中的形状图层，不会生成新图层。

小试牛刀：使用钢笔工具描摹线稿

▶ Step01 将素材文件拖放至 Photoshop中，新建透明图层，如图5-69所示。

▶ Step02 选择"钢笔工具"绘制路径，如图5-70所示。

▶ Step03 设置前景色为黑色，选择"画笔工具"设置参数，如图5-71所示。

▶ Step04 在"路径"面板中单击"用画笔描边路径" ○ 按钮，如图5-72所示。

▶ Step05 按Ctrl+Enter组合键创建选区，按Ctrl+D组合键取消选区，如图5-73所示。

▶ Step06 使用相同的方法，分别建透明图层、绘制路径并描边路径，如图5-74所示。

至此，完成描摹线稿的操作。

图5-69

图5-70

图5-71

图5-72

图5-73

图5-74

知识链接：

　　描边就是在边缘加上边框。描边路径则是沿已有的路径为路径边缘添加画笔线条效果。执行"窗口>路径"命令，弹出"路径"面板，如图5-75所示。可在该面板中进行路径的新建、保存、复制、填充以及描边等操作。

　　该面板中主要选项的功能介绍如下。

　　● 用前景色填充路径●：单击该按钮将使用前景色填充当前路径。

图5-75

- 用画笔描边路径 ○：单击该按钮可用画笔工具和前景色为当前路径描边。
- 将路径作为选区载入 ⦂：单击该按钮可将当前路径转换成选区。
- 从选区生成工作路径 ◇：单击该按钮将选区转换为工作路径。
- 添加图层蒙版 ▣：单击该按钮为路径添加图层蒙版。
- 创建新路径 ⊞：单击该按钮可创建新的路径图层。
- 删除当前路径 🗑：单击该按钮可删除当前路径图层。

5.3.2 弯度钢笔工具

弯度钢笔工具可以轻松绘制平滑曲线和直线段。选择"弯度钢笔工具" ✐，单击创建起始点，绘制第二个点为直线段，绘制第三个点就会形成一条连接的曲线。将鼠标移到锚点出现⯈时，可随意移动锚点位置。

小试牛刀：绘制扁平化星球

▶ Step01 新建文档，设置前景色，选择"油漆桶工具"，单击填充颜色，如图5-76所示。

▶ Step02 选择"弯度钢笔工具" ✐，设置模式为"形状"，绘制星球并填充"蜡笔黄橙"，如图5-77所示。

图5-76

图5-77

▶ Step03 继续绘制并填充"浅红橙"，如图5-78所示。

▶ Step04 在属性栏中选择"减去顶层形状"按钮，按Ctrl+D组合键后继续绘制，如图5-79所示。

▶ Step05 在图层面板中创建图层蒙版，选择"钢笔工具"，设置模式为"路径"，绘制路径，如图5-80所示。

▶ Step06 按Ctrl+Enter组合键创建选区，按Delete键删除图像，按Ctrl+D组合键取消选区，如图5-81所示。

图5-78

图5-79

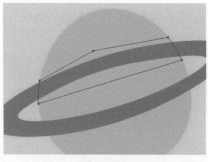

图5-80

图5-81

▶ Step07 按Ctrl+J组合键复制图层，放大图像并调整显示，如图5-82所示。

▶ Step08 继续绘制圆形，调整不透明度为30%，效果如图5-83所示。

至此，完成扁平化星球的绘制。

图5-82

图5-83

 知识链接：

在绘制过程中若要对路径进行修改，可使用路径选择工具与直接选择工具。"路径选择工具" ▶用于选择和移动整个路径。"直接选择工具" ▶用于移动路径的部分锚点或调整路径的方向点和方向线，而其他未选中的锚点或线段则不被改变。

5.4　规则绘制——形状工具组

可选择矩形工具、圆角矩形工具、椭圆工具、多边形工具、直线工具以及自定形状工具绘制规则图形。

5.4.1　矩形工具

矩形工具□可以绘制任意正方形或具有固定长宽的矩形。可以使用以下几种方法绘制自定义大小的矩形形状：

- 直接拖动鼠标绘制任意长宽比例的矩形；
- 按住Shift键拖动鼠标绘制正方形；
- 单击鼠标后按住Alt键绘制以鼠标为中心的矩形；
- 按住Shift+Alt组合键绘制以鼠标为中心的正方形。

(!) 注意事项：

以上方法适用于形状工具组的所有工具。

5.4.2　圆角矩形工具

圆角矩形工具□.可以绘制出带有一定圆角弧度的图形。

小试牛刀：绘制搜索框

▶ Step01 新建文档，选择"圆角矩形工具"绘制圆角矩形并填充颜色，如图5-84所示。

▶ Step02 在"属性"对话框中设置圆角半径，如图5-85所示。

▶ Step03 效果如图5-86所示。

▶ Step04 选择"圆角矩形工具"绘制圆角矩形并填充白色，如图5-87所示。

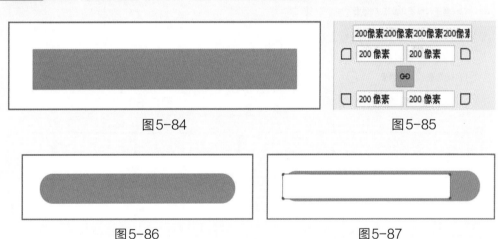

图5-84

图5-85

图5-86

图5-87

▶ Step05 在"属性"对话框中设置圆角半径，如图5-88所示。

▶ Step06 调整位置，如图5-89所示。

▶ Step07 选择"自定形状工具"，在属性栏中选择"搜索"，按住Shift键绘制并填充白色，如图5-90所示。

▶ Step08 输入文字，如图5-91所示。

至此，完成搜索框的绘制。

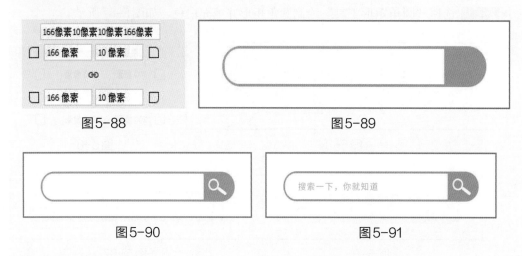

图5-88　　　　　　　　　　　图5-89

图5-90　　　　　　　　　　　图5-91

5.4.3　椭圆工具

椭圆工具◯可以绘制椭圆形和正圆形。

小试牛刀：绘制超椭圆

● ● ● ●

▶ Step01 新建文档，选择"椭圆工具"，在页面上单击弹出"创建椭圆"对话框，设置参数，如图5-92所示。

▶ Step02 更改填充渐变颜色为"蓝色-13"，如图5-93所示。

▶ Step03 按Ctrl+T组合键自由变换，单击属性栏 按钮，在"变形"下拉列表框中选择"膨胀"选项，按Enter键完成调整，如图5-94所示。

▶ Step04 按Ctrl+T组合键旋转45°，如图5-95所示。

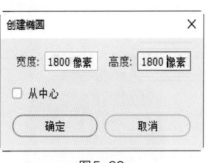

图5-92

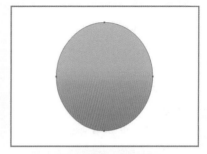

图5-93

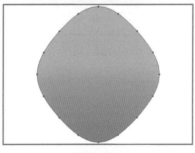

图5-94

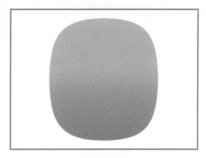

图5-95

▶ Step05 在"图层"面板中按住Ctrl键单击图层缩览图载入选区，如图5-96所示。

▶ Step06 执行"滤镜>扭曲>球面化"命令，数量设为100%，按Enter键应用，如图5-97所示。至此，完成超椭圆的绘制。

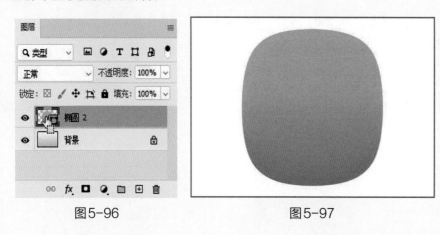

图5-96　　　　　　　　　　　　　　图5-97

5.4.4　多边形工具

多边形工具◯可以绘制出正多边形（最少为3边）和星形。

小试牛刀：绘制可爱星形

▶ Step01 新建文档，选择"多边形工具"，在属性栏中设置参数，如图5-98所示。

▶ Step02 拖动鼠标绘制并更改填充渐变颜色为"橙色-10"，如图5-99所示。

▶ Step03 双击该图层，在弹出的对话框中勾选"内阴影"选项并设置参数，如图5-100所示。效果如图5-101所示。

至此，完成可爱星形的绘制。

图5-98

图5-99

图5-100

图5-101

5.4.5　直线工具

直线工具╱可以绘制出直线和带有箭头的路径。

5.4.6　自定形状工具

自定义形状工具✿可以绘制出系统自带的不同形状。选择"自定形状工具"✿，单击选项栏中✿图标可选择预设的自定义形状，如图5-102所示。执行"窗口>形状"命令，弹出"形状"面板，单击"菜单"▤按钮，在弹出的菜单中选择"旧版形状及其他"选项，即可添加旧版形状，单击〉按钮即可显示具体形状组，如图5-103所示。

图5-102　　　　　　　　　图5-103

小试牛刀：绘制并填充渐变图像

▶ Step01 新建文档，在"自定形状工具" ✿ 的属性栏中选择"双桅纵帆船" ⛵，按住Shift键拖动鼠标绘制，如图5-104所示。

▶ Step02 在属性栏单击"填色"按钮，单击"渐变"按钮 ▣ 设置参数，如图5-105所示。

▶ Step03 拖动调整滑块，单击反向 🔃 按钮，如图5-106所示。

▶ Step04 按Enter键完成填充，如图5-107所示。
至此，完成绘制并填充渐变图像效果的操作。

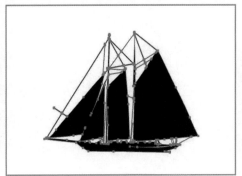

图5-104

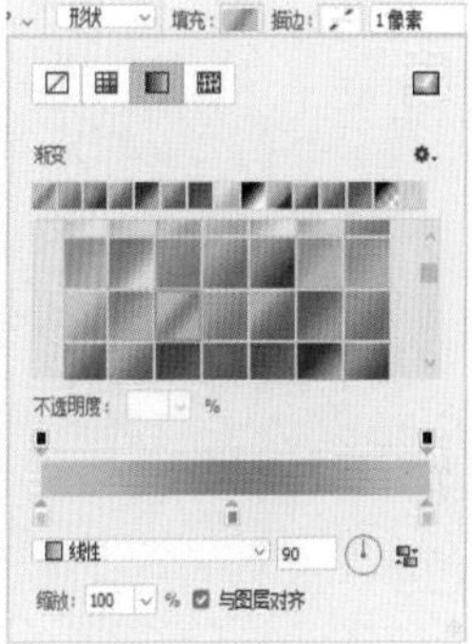

图5-105

图5-106

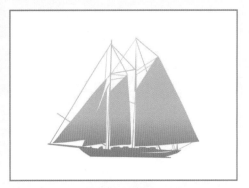

图5-107

第 6 章

图像的抠取与合成

扫码观看本章视频

内容导读

本章主要对图像的抠取与合成进行讲解，主要包括
如何使用选框工具和多边形套索工具创建规则选区
抠图；使用套索工具、钢笔工具、对象选择工具、
快速选择工具、魔棒工具、主体、选择并遮住和色
彩范围创建不规则选区抠图；使用通道和蒙版创建
非破坏性抠图以及使用擦除工具抠图。

学习目标

- 掌握规则选区的抠取方法。
- 掌握不规则选区的抠取方法。
- 掌握通道和蒙版非破坏性抠图的方法。
- 掌握擦除工具的使用方法。

6.1　抠取规则选区

抠取规则的选区主要使用选框工具以及多边形套索工具。

6.1.1　抠取矩形区域——矩形选框工具

矩形选框工具可以在图像或图层中绘制出矩形或正方形选区。选择"矩形选框工具" □，显示其属性栏，如图6-1所示。

图6-1

该属性栏中主要选项的功能介绍如下。

● 选区编辑按钮组 □□□□：该按钮组又被称为"布尔运算"按钮组，各按钮的名称从左至右分别是新选区、添加到选区、从选区中减去及与选区交叉。

● 羽化：指通过创建选区边框内外像素的过渡来使选区边缘模糊，羽化宽度越大，则选区的边缘越模糊，此时选区的直角处也将变得圆滑。

● 样式：在该下拉列表中有"正常""固定比例"和"固定大小"3种选项，用于设置选区的形状。

● 选择并遮住：单击该按钮与执行"选择>选择并遮住"命令相同，在弹出的对话框中可以对选区进行平滑、羽化、对比度等处理。

小试牛刀：填充油画图像

▶ Step01 将素材文件拖放至Photoshop中，如图6-2所示。

▶ Step02 在"图层"面板中单击🔒按钮将背景图层转换为普通图层，如图6-3所示。

▶ Step03 选择"矩形选框工具"绘制选区，如图6-4所示。

▶ Step04 右击鼠标，在弹出的菜单中选择"变换选区"选项，按住Alt键用鼠标调整显示，如图6-5所示。

图6-2

图6-3

图6-4

图6-5

▶ Step05 按Delete键删除，按Ctrl+D组合键取消选区，如图6-6所示。

▶ Step06 置入图像，调整显示，如图6-7所示。

至此，完成填充油画图像的操作。

图6-6

图6-7

6.1.2 抠取圆形区域——椭圆选框工具/弯度钢笔工具

椭圆选框工具○可以在图像或图层中绘制出圆形或椭圆形选区。使用"弯度钢笔工具"也可以对椭圆与正圆进行选区的创建与抠取。

小试牛刀：更换"管"中景象

▶ Step01 将素材文件拖放至 Photoshop 中，在"图层"面板中单击 🔒 按钮将背景图层转换为普通图层，如图6-8所示。

▶ Step02 选择"椭圆选框工具"绘制选区，右击鼠标，在弹出的菜单中选择"变换选区"选项，按住 Alt 键用鼠标调整显示，按 Delete 键删除选区，按 Ctrl+D 组合键取消选区，如图6-9所示。

▶ Step03 置入图像，调整显示，如图6-10所示。

▶ Step04 选择"弯度钢笔工具"沿多余部分绘制选区，如图6-11所示。

图6-8

图6-9

图6-10

图6-11

▶ Step05 创建选区后，按Delete键删除选区并取消选区，如图6-12所示。

▶ Step06 继续创建选区，如图6-13所示。

图6-12

图6-13

▶ Step07 按Shift+F5组合键，在弹出的对话框中选择"内容识别"，按Enter键完成填充，如图6-14所示。

▶ Step08 在"历史记录"面板中更换历史源，如图6-15所示。

▶ Step09 选择"历史记录画笔工具"进行涂抹，如图6-16所示。

至此，完成更换"管"中景象的操作。

图6-14

图6-15

图6-16

6.1.3 抠取多边形区域——多边形套索工具

多边形套索工具❤️可以创建具有直线轮廓的多边形选区。

小试牛刀：抠取指示路标 ● ● ●

▶ Step01 将素材文件拖放至Photoshop中，如图6-17所示。

▶ Step02 选择"多边形套索工具"绘制选区。

▶ Step03 按Ctrl+J组合键复制选区，在"图层"面板隐藏背景图层，如图6-18所示。效果如图6-19所示。
至此，完成抠取指示路标的操作。

图6-17

图6-18

图6-19

（◉◉）知识链接：

使用多边形套索工具时，按住Shift键可绘制水平、垂直以及45°倍角的直线。按Delete键删除最近绘制的直线。

6.2 抠取不规则选区

抠取不规则的选区可以使用套索工具、钢笔工具、对象选择工具、魔棒工具等。

6.2.1 创建任意选区——套索工具

套索工具♀️可以创建任意形状的选区，操作时只需要在图像窗口中按住鼠标进行绘制，释放鼠标后即可创建选区，按住Shift键增加选区，按Alt键减去选区。

小试牛刀：PNG图像的分离与对齐分布 ● ● ●

▶ Step01 将素材文件拖放至Photoshop中，选择"套索工具"绘制选区，如图6-20所示。

▶ Step02 按Ctrl+X组合键剪切选区，按Ctrl+V组合键粘贴选区，生成图层2，如图6-21、图6-22所示。

▶ Step03 单击图层1，使用相同的方法对剩下的图像进行剪贴，生成独立图层，如图6-23所示。

▶ Step04 选择"移动工具"，全选图层，在属性栏中单击"水平居中对齐"🔳和"垂直居中对齐"🔳按钮，如图6-24、图6-25所示。

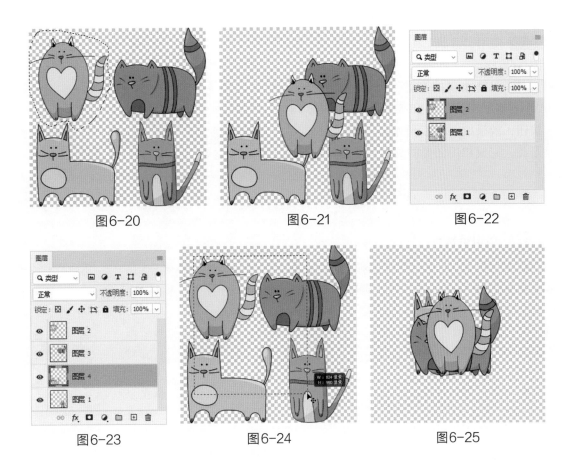

图6-20

图6-21

图6-22

图6-23

图6-24

图6-25

▶ Step05 使用"裁剪工具"调整画布大小，如图6-26所示。

▶ Step06 调整小猫的位置，在属性栏中单击"垂直居中对齐" ╉ 和"水平居中分布" ╫ 按钮，效果如图6-27所示。

至此，完成PNG图像的分离与对齐分布。

图6-26

图6-27

⦿ 知识链接：

选择"移动工具"，在属性栏中提供了一组对齐与分布按钮 ╠╪╪╪ ╦╫╨╫ ，选择需要调整的图层后即可激活这些按钮。单击···按钮激活更多选择，如图6-28所示。

● 对齐：指将两个或两个以上图层按一定规律进行对齐排列，以当前图层或选区为基础，在相应方向上对齐。依次为左对齐、水平居中对齐、右对齐、顶对齐、垂直居中对齐以及底对齐。

● 分布：指将3个以上图层按一定规律在图像窗口中进行分布。依次为按顶分布、垂直居中分布、按底分布、按左分布、水平居中分布、按右分布。

● 分布间距：在图层之间均匀分布水平和垂直间距。

● 对齐：在下拉列表框中设置对齐"选区"还是"画布"。

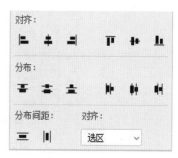

图6-28

6.2.2 跟踪边缘抠图——磁性套索工具

选择"磁性套索工具" ，在图像窗口中需要创建选区的位置单击确定选区起始点，沿选区的轨迹拖动鼠标，系统将自动在鼠标移动的轨迹上选择对比度较大的边缘产生节点。当光标回到起始点变为 形状时单击，即可创建出精确的不规则选区。

小试牛刀：磁性套索工具抠图

▶ Step01 将素材文件拖放至 Photoshop 中，如图6-29所示。

▶ Step02 选择"磁性套索工具"单击确定起始点，沿边缘拖动，如图6-30所示。

图6-29

图6-30

▶ Step03 闭合路径创建选区，如图6-31所示。

▶ Step04 按Ctrl+J组合键复制图层，隐藏背景图层，如图6-32所示。至此，完成磁性套索工具抠图。

图6-31

图6-32

 知识链接：

　　使用"磁性套索工具"时，按住Alt键可以切换到多边形套索工具，按Dlete键删除最近生成的锚点，按Esc键退出操作。

6.2.3　万能抠图工具——钢笔工具

　　钢笔工具不仅可以绘制矢量图形，也可以对图像进行抠取。选择"钢笔工具"后，需将模式更改为"路径"。

小试牛刀：钢笔工具抠图

▶ Step01 将素材文件拖放至Photoshop中，如图6-33所示。

▶ Step02 选择"钢笔工具"沿边缘创建闭合路径（可使用"直接选择工具"调整锚点），如图6-34所示。

图6-33

图6-34

▶ Step03 按住Alt（Shift）键绘制路径，按Ctrl+Enter键创建选区，如图6-35所示。

▶ Step04 按Ctrl+J组合键复制图层，隐藏背景图层，如图6-36所示。

至此，完成钢笔工具抠图操作。

图6-35

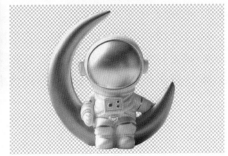
图6-36

6.2.4 快速抠图——对象选择工具

对象选择工具适用于处理定义明确对象的区域，可简化在图像中选择单个对象或对象的某个部分的过程。只需在对象周围绘制矩形或套索区域，对象选择工具就会自动选择已定义区域内的对象。选择"对象选择工具"，显示其属性栏，如图6-37所示。

图6-37

该属性栏中主要选项的功能介绍如下。

- 模式：选取一种选择模式并定义对象周围的区域。可选择"矩形"或"套索"模式。
- 自动增强：勾选该复选框，自动增强选区边缘。
- 减去对象：勾选该复选框，在定义区域内查找并自动减去对象。
- 选择主体：单击该按钮，以图像中的主体为对象创建选区。

小试牛刀：使用"对象选择工具"抠图

▶ Step01 将素材文件拖放至Photoshop中，选择"对象选择工具"，拖动鼠标创建选区，如图6–38所示。

▶ Step02 按Ctrl+J组合键复制图层，隐藏背景图层，如图6–39所示。

至此，完成使用"对象选择工具"快速抠图。

图6–38

图6–39

6.2.5 选取对象——快速选择工具

快速选择工具可以利用可调整的圆形笔尖根据颜色的差异迅速地绘制出选区。选择"快速选择工具" 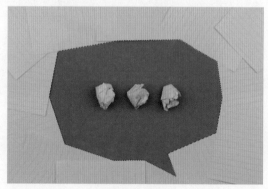，拖动鼠标创建选区时，其选取范围会随着光标移动而自动向外扩展并自动查找和跟随图像中定义的边缘。

小试牛刀：使用"快速选择工具"抠图 ● ● ●

▶ Step01 将素材文件拖放至Photoshop中，选择"快速选择工具"拖动鼠标创建选区，如图6-40所示。

▶ Step02 按Ctrl+J组合键复制图层，隐藏背景图层，如图6-41所示。

至此，完成使用"快速选择工具"抠图。

图6-40

图6-41

6.2.6　选取范围——魔棒工具

魔棒工具是根据颜色的色彩范围来确定选区的工具，能够快速选择色彩差异大的图像区域。选择"魔棒工具" ，将光标移动到需要创建选区的图像中，当其变为 形状时，单击即可快速创建选区。

小试牛刀：使用"魔棒工具"抠图

▶ Step01 将素材文件拖放至 Photoshop 中，选择"魔棒工具"单击鼠标创建选区，按住 Shift 键单击鼠标调整增加选区，如图 6-42 所示。

▶ Step02 按 Ctrl+Shift+I 组合键反选选区，按 Ctrl+J 组合键复制图层，隐藏背景图层，如图 6-43 所示。至此，完成使用"魔棒工具"抠图。

图6-42

图6-43

185

6.2.7 智能选择抠图——主体

主体命令可自动选择图像中最突出的主体。执行该命令的常见方式有：

● 在编辑图像时，执行"选择>主体"命令；

● 使用"对象选择工具""快速选择工具"或"魔棒工具"时，单击属性栏中的"选择主体"按钮；

● 使用"选择并遮住"工作区中的"对象选择工具"或"快速选择工具"时，单击属性栏中的"选择主体"按钮。

小试牛刀：使用"主体"抠图

▶ Step01 将素材文件拖放至Photoshop中，选择"快速选择工具"，单击属性栏中的"选择主体"按钮，如图6-44所示。

▶ Step02 选择"快速选择工具"，按住Shift键增加选区，如图6-45所示。

▶ Step03 按Ctrl+J组合键复制图层，隐藏背景图层，如图6-46所示。

至此，完成使用"对主体"抠图。

图6-44

图6-45 图6-46

6.2.8　抠取复杂图像——选择并遮住

选择并遮住命令可以对选区的边缘、平滑、对比度等属性进行调整，从而提高选区边缘的品质，可以在不同的视图下查看创建的选区。执行该命令的常见方式有：

● 执行"选择>选择并遮住"命令；

● 按Ctrl+Alt+R组合键；

● 启用选区工具"对象选择工具""快速选择工具""魔棒工具"或"套索工具"，在属性栏中单击"选择并遮住"按钮。

在"选择>选择并遮住"工作区中主要分为5大模块，下面进行详细的介绍。

（1）工具概览

在该工作区左侧有7种选区工具，可创建选区或对选区边缘进行微调，如图6-47所示。该选区工具分别为"快速选择工具" 、"调整边缘画笔工具" 、"画笔工具" 、"对象选择工具" 、"套索工具" 、"抓手工具" 以及"缩放工具" 。

（2）视图模式

在"视图"菜单中可以选择视图模式，如图6-48所示，主要包括洋葱皮、闪烁虚线、叠加、黑底、白底、黑白、图层7种模式。按F键可在各个模式之间循环切换，按X键可以暂时禁用所有模式。

在处理过程中可以勾选"显示边缘"以及"显示原稿"调整显示区域。若要精确预览，可勾选"高品质预览"。

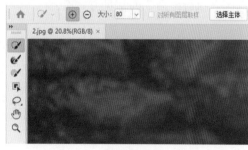

图6-47

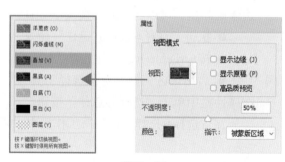

图6-48

图6-49

图6-50

（3）边缘检测

在"边缘检测"选项组中有两个选项，可以轻松地抠出细密的毛发，如图6-49所示。

● 半径：确定发生边缘调整的选区边框的大小。对锐边使用较小的半径，对较柔和的边缘使用较大的半径。

● 智能半径：允许选区边缘出现宽度可变的调整区域。若选区是涉及头发和肩膀的人物肖像，此选项会十分有用。

（4）全局调整

在"全局调整"选项组中有四个选项，主要用来进行全局的调整，对选区进行平滑、羽化和扩展等处理，如图6-50所示。

● 平滑：减少选区边界中的不规则区域以创建较平滑的轮廓。

● 羽化：模糊选区与周围的像素之间的过渡效果。

● 对比度：增大时，沿选区边框的柔和边缘的过渡会变得不连贯。通常情况下，使用"智能半径"选项和调整工具效果会更好。

● 移动边缘：使用负值向内移动柔化边缘的边框，或使用正值向外移动这些边框。向内移动这些边框有助于从选区边缘移去不想要的背景颜色。

（5）输出设置

在"输出设置"选项组中有三个选项，主要是用来消除选区边缘杂色以及设置选区的输出方式，如图6-51所示。

● 净化颜色：将彩色边替换为附近完全选中的像素的颜色。颜色替换的强度与选区边缘的软化度是成比例的。调整滑块以更改数量。

● 输出到：决定调整后的选区是变为当前图层上的选区或蒙版，还是生成一个新图层或文档。

● 记住设置：勾选该复选框，可存储设置，用于以后的图像。设置会重新应用于以后的所有图像。

图6-51

小试牛刀：抠取长发美女

▶ Step01 将素材文件拖放至 Photoshop中，如 图6-52 所示。

▶ Step02 选择"快速选择工具"，单击属性栏中的"选择并遮住"按钮，如图6-53所示。

图6-52

图6-53

▶ Step03 单击属性栏中的"选择主体"按钮，如图6-54所示。

▶ Step04 选择"调整边缘画笔工具"调整边缘，如图6-55所示。

▶ Step05 勾选"净化颜色"复选框，选择输入到"新建带有图层蒙版的图层"选项，单击"确定"，如图6-56所示。

▶ Step06 置入背景素材，调整显示位置，如图6-57所示。
至此，完成抠取长发美女的操作。

图6-54

图6-55

图6-56

图6-57

6.2.9 抠取纯色背景——色彩范围

色彩范围命令的原理是根据色彩范围创建选区，主要针对色彩进行操作。执行"选择>色彩范围"命令，打开"色彩范围"对话框，如图6-58所示。

该对话框中主要选项的功能介绍如下。

● 选择：选择预设颜色。

● 颜色容差：设置选择颜色的范围，数值越大，选择颜色的范围越大；反之，选择颜色的范围就越小。拖动下方滑动条上的滑块可快速调整数值。

● 预览区：显示预览效果。选中"选择范围"单选按钮，白色表示被选择的区域，黑色表示未被选择的区域；选中"图像"单选按钮，显示原图像。

● 吸管工具组 ✏ ✏ ✏：用于在预览区中单击取样颜色，✏ 和 ✏ 工具分别用于增加和减少选择的颜色范围。

图6-58

小试牛刀：更改背景颜色

▶ Step01 将素材文件拖放至 Photoshop中，如图6-59所示。

▶ Step02 执行"选择>色彩范围"命令，弹出"色彩范围"对话框，选择"吸管工具"吸取背景颜色，如图6-60所示。

▶ Step03 选择"快速选择工具"，按住Alt键调整内部选区，如图6-61所示。

▶ Step04 设置前景色，使用"油漆桶工具"填充颜色，如图6-62所示。

至此，完成更改背景颜色的操作。

图6-59

图6-60

图6-61

图6-62

6.3　非破坏性抠图——通道蒙版

使用通道和蒙版搭配其他工具可以创建非破坏性的选区或蒙版区域。

6.3.1　复杂抠图必备——通道面板

通道主要用于存储不同类型信息的灰度图像，利用通道可以非常简单地制作出很复杂的选区，调整通道还可以改变图像的颜色。执行"窗口>通道"命令，打开"通道"面板，在该面板中可以创建、存储、编辑和管理通道，如图6-63所示。

该对话框中主要选项的功能介绍如下。

● 指示通道可见性图标 ◉：图标为 ◉ 形状时，图像窗口显示该通道的图像，单击该图标后，图标变为 □ 形状，隐藏该通道的图像。

● 将通道作为选区载入 ○：单击该按钮可将当前通道快速转化为选区。

● 将选区存储为通道 ■：单击该按钮可将图像中选区之外的图像转换为一个蒙版的形式，将选区保存在新建的Alpha通道中。

● 创建新通道 ⊞：单击该按钮可创建一个新的Alpha通道。

● 删除当前通道 ■：单击该按钮可删除当前通道。

图6-63

小试牛刀：使用通道替换背景

▶ Step01 将素材文件拖放至 Photoshop 中，如图 6-64 所示。

▶ Step02 在"通道"面板中选择明暗对比最强的图层进行复制，如图 6-65 所示。

▶ Step03 按 Ctrl+L 组合键，在弹出的"色阶"面板中选择黑色吸管吸取画面中的颜色，如图 6-66、图 6-67 所示。

图 6-64

图 6-65

图 6-66

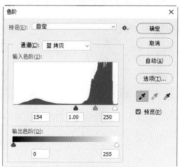

图 6-67

▶ Step04 选择"加深工具"，设置范围为"阴影"，涂抹暗部，如图6-68所示。

▶ Step05 选择"减淡工具"，设置范围为"高光"，涂抹亮部，如图6-69所示。

▶ Step06 按住Ctrl键的同时单击"蓝拷贝"通道缩览图，载入选区，按Ctrl+Shift+I组合键反选选区，如图6-70所示。

▶ Step07 按Ctrl+J组合键复制图层，单击"图层"面板底端的"添加图层蒙版" 按钮为图层添加蒙版，如图6-71所示。

图6-68

图6-69

图6-70

图6-71

▶ Step08 隐藏背景图层，如图6-72所示。

▶ Step09 新建并填充图层，设置前景色为白色，调整显示，最终效果如图6-73所示。

至此，完成使用通道替换背景的操作。

图6-72

图6-73

6.3.2 隐藏式抠图——蒙版

蒙版可以将一部分图像区域保护起来。更改蒙版可以对图层应用各种效果，而不会影响该图层上的图像。使用蒙版编辑图像，可以避免因为使用橡皮擦或剪刀、删除等造成的失误操作。蒙版类型主要有快速蒙版、矢量蒙版、图层蒙版以及剪贴蒙版。接下来对各蒙版进行介绍。

● 快速蒙版：一种临时性的蒙版，是暂时在图像表面产生一种与保护膜类似的保护装置，通过涂抹可快速得到精确的选区。

● 矢量蒙版：通过形状控制图像显示区域的，它只能作用于当前图层。其本质为使用路径制作蒙版，遮盖路径覆盖的图像区域，显示无路径覆盖的图像区域。

● 图层蒙版：大大方便了对图像的编辑。它不是直接编辑图层中的图像，而是通过使用画笔工具在蒙版上涂抹，控制图层区域的显示或隐藏，常用于图像合成。

● 剪贴蒙版：使用处于下方图层的形状来限制上方图层的显示状态。剪贴蒙版由两部分组成：一部分为基层，即基础层，用于定义显示图像的范围或形状；另一部分为内容层，用于存放将要表现的图像内容。

小试牛刀：使用剪贴蒙版制作拼图效果

▶ Step01 将素材文件拖放至Photoshop中，如图6-74所示。

▶ Step02 选择"多边形套索工具"绘制选区，按住Shift键选择选区，如图6-75所示。

▶ Step03 按Ctrl+J组合键复制选区，单击背景图层，使用相同的方法创建灰色并复制选区，如图6-76所示。

▶ Step04 分别置入素材，按Ctrl+Alt+G组合键创建剪贴蒙版并调整大小，如图6-77所示。最终效果如图6-78所示。

至此，完成使用剪贴蒙版制作拼图效果的操作。

图6-74

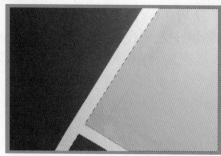

图6-75

图6-76　　　　　图6-77

图6-78

6.4 图像的擦除——轻松抠出图像

使用橡皮擦工具组的工具可以涂涂抹抹，轻松抠出图像。

6.4.1 擦除多余图像——橡皮擦工具

橡皮擦工具 ◢ 主要用于擦除当前图像中的颜色。橡皮擦工具在背景图层下擦除为背景色；在普通图层状态下擦除为透明。

小试牛刀：替换天空效果

▶ Step01 将素材文件拖放至 Photoshop 中，如图 6-79 所示。

▶ Step02 置入图像，调整位置，栅格化图层，如图 6-80、图 6-81 所示。

▶ Step03 选择"橡皮擦工具"，在属性栏中设置参数，如图 6-82 所示。

▶ Step04 设置图层的不透明度为 80%，使用"橡皮擦工具"涂抹擦除，如图 6-83 所示。

▶ Step05 设置图层的不透明度为 100%，调整"橡皮擦工具"的不透明度为 20%，涂抹调整，如图 6-84 所示。

图 6-79　　　　　　　　　　图 6-80　　　　　　　　　　图 6-81

图 6-82

至此，完成替换天空效果的操作。

图6-83

图6-84

6.4.2 擦除图像背景——背景橡皮擦工具

　　背景橡皮擦工具可以用于擦除指定颜色，并将被擦除的区域以透明色填充。选择"背景橡皮擦工具"　，显示其属性栏，如图6-85所示。勾选"保护前景色"复选框，可防止具有前景色的图像区域被擦除。

图6-85

小试牛刀：抠取宠物

▶ Step01 将素材文件拖放至Photoshop中，选择"吸管工具"吸取前景色和背景色，如图6-86所示。

▶ Step02 选择"背景橡皮擦工具"在猫咪的周围单击擦除，如图6-87所示。

▶ Step03 选择"套索工具"框选主体，按Ctrl+Shift+I组合键反选选区，删除选区后取消选区，如图6-88所示。

▶ Step04 新建图层填充白色，如图6-89所示。

至此，完成抠取宠物的操作。

图6-86

图6-87

图6-88

图6-89

6.4.3　综合擦除图像——魔术橡皮擦工具

魔术橡皮擦工具是魔棒工具和背景橡皮擦工具的综合，根据像素颜色来擦除图像。使用魔术橡皮擦工具可以一次性擦除图像或选区中颜色相同或相近的区域，从而得到透明区域。选择"魔术橡皮擦工具" ，显示其属性栏，如图6-90所示。勾选"消除锯齿"复选框，将得到较平滑的图像边缘。勾选"连续"复选框，可使擦除工具仅擦除与单击处相连接的区域。

| 容差： 32 | ☑ 消除锯齿 | ☑ 连续 | ☐ 对所有图层取样 | 不透明度： 100% ⌄ |

图6-90

小试牛刀：抠取主体树枝

▶ Step01 将素材文件拖放至Photoshop中，如图6-91所示。

▶ Step02 选择"魔术橡皮擦工具"单击背景，细节处可多次单击去除，如图6-92所示。

▶ Step03 新建图层填充白色，如图6-93所示。

至此，完成抠取主体树枝的操作。

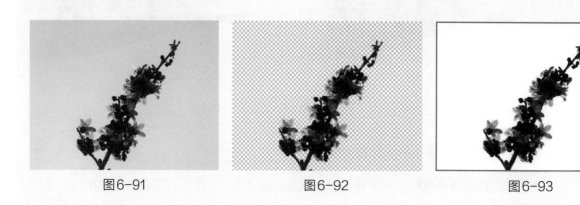

图6-91　　　　　　　　　　图6-92　　　　　　　　　　图6-93

第 7 章

图像处理进阶实战

扫码观看本章视频

内容导读

本章综合图像处理的知识点进行进阶实战，主要包括使用色彩调整命令实现季节更替、胶片质感以及美食调色的效果，使用图层样式以及滤镜命令实现丁达尔光束、超级月亮以及水墨画，最后使用通道蒙版实现撕裂、双重曝光以及海市蜃楼的效果。

学习目标

- 掌握图像调色的使用方法。
- 掌握图层样式以及滤镜的使用方法。
- 掌握通道蒙版合成的使用方法。

7.1 图像调色实战

颜色调整有两种调整方式：一是直接执行"图像"|"调整"菜单下的子命令，此方法会对图像图层应用破坏性调整并删掉图像信息，从而导致无法恢复原始图像；二是创建调整图层，这种方式是非破坏性的，可修改直至满意。本节将综合使用调色命令调整图像效果。

7.1.1 制作季节更替效果

▶ Step01 将素材文件拖放至 Photoshop 中，如图 7-1 所示。

▶ Step02 单击面板底部的"添加图层样式"按钮，在弹出的菜单中选择"曲线"选项，创建调整图层，

在"属性"面板中选择红通道调整参数，如图 7-2、图 7-3 所示。

图 7-1

图 7-2

图 7-3

▶ Step03 选择绿、蓝通道调整曲线参数，如图7-4、图7-5所示。

▶ Step04 效果如图7-6所示。

▶ Step05 创建"可选颜色"调整图层，在"属性"面板中调整参数，如图7-7、图7-8所示。

▶ Step06 最终效果如图7-9所示。

至此，完成制作季节更替效果的操作。

图7-4　　　　　　　图7-5

图7-6

图7-7　　　　　　　图7-8　　　　　　　图7-9

（！）注意事项:

每个图像的颜色不同，所调整的参数也会不同，可根据需要进行调整。

7.1.2 制作胶片质感效果

▶ Step01 将素材文件拖放至Photoshop中，如图7-10所示。

▶ Step02 创建"色阶"调整图层，在"属性"面板中分别选择绿、蓝通道调整参数，如图7-11、图7-12所示。完成后效果如图7-13所示。

图7-10

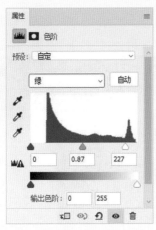

图7-11

图7-12

图7-13

▶ Step03 创建"色相/饱和度"调整图层，在"属性"面板中调整参数，如图7-14所示。

▶ Step04 创建"亮度/对比度"调整图层，在"属性"面板中调整参数，如图7-15所示。

▶ Step05 创建"色彩平衡"调整图层，在"属性"面板中调整参数，如图7-16所示。

▶ Step06 创建"自然饱和度"调整图层，在"属性"面板中调整参数，如图7-17所示。

图7-14

图7-15

图7-16

图7-17

▶ Step07 创建"渐变填充"调整图层，在"属性"面板中调整参数，如图7-18所示。

▶ Step08 调整图层混合模式为"正片叠底"，不透明度为61%，如图7-19所示。

▶ Step09 设置前景色为黑色，不透明度为30%，在蒙版中调整显示，创建暗角效果，如图7-20所示。
　　至此，完成制作胶片质感图像效果的操作。

图7-18　　　　　　　　　　图7-19　　　　　　　　　　图7-20

7.1.3　制作使人有食欲的美食图像效果

▶ Step01 将素材文件拖放至Photoshop中，如图7-21所示。

▶ Step02 创建"亮度/对比度"调整图层，在"属性"面板中调整参数，如图7-22、图7-23所示。

图7-21　　　　　　　图7-22　　　　　　　图7-23

▶ Step03 创建"色相/饱和度"调整图层，在"属性"面板中调整参数，如图7-24、图7-25所示。

▶ Step04 选择"快速选择工具"创建选区，按住Shift键加选，按住Alt键减选，如图7-26所示。

图7-24　　　　　　　图7-25　　　　　　　图7-26

▶ Step05 右击鼠标，在弹出的对话框中设置羽化半径，如图7-27所示。

▶ Step06 创建"色相/饱和度"调整图层，在"属性"面板中调整参数，如图7-28、图7-29所示。至此，完成制作使人有食欲的美食图像效果的操作。

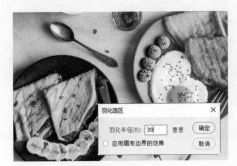
图7-27

图7-28

图7-29

7.2 图像特效实战

滤镜和图层样式可以制作出各种特殊效果，例如神奇的丁达尔光束效果，逼真的超级月亮效果，充满意境的水墨画效果。本节将综合使用滤镜与图层样式制作特效图像。

7.2.1　制作丁达尔光束效果

▶ Step01　将素材文件拖放至Photoshop中，如图7-30所示。

▶ Step02　按Ctrl+Alt+2组合键用鼠标选择高光部分，按住Alt键调整，如图7-31所示。按Ctrl+J组合键复制。

图7-30

图7-31

▶ Step03　执行"滤镜>模糊>径向模糊"命令，在弹出的对话框中设置参数，如图7-32所示。

▶ Step04　按Ctrl+J组合键复制图层并更改混合模式为"强光"，如图7-33、图7-34所示。

▶ Step05　创建新组并添加图层蒙版，选择"画笔工具"调整显示，如图7-35所示。效果如图7-36所示。

▶ Step06　按Ctrtl+Shift+Alt+E组合键给图层盖印，如图7-37所示。

图7-32

图7-33

图7-34

图7-35

图7-36

图7-37

▶ Step07 执行"滤镜>Camera Raw滤镜"命令，在弹出的对话框中调整基本参数，如图7-38所示。最终效果如图7-39所示。

至此，完成丁达尔光束效果的制作。

图 7-38   图 7-39

7.2.2 制作超级月亮效果

▶ Step01 将素材文件拖放至Photoshop中，按Ctrl+J组合键复制图层，如图7-40所示。

▶ Step02 新建图层，选择"椭圆选区工具"绘制正圆并填充白色，按Ctrl+D组合键取消选区，如图7-41所示。

▶ Step03 双击该图层，在弹出的对话框中添加"外发光"样式，如图7-42所示。

▶ Step04 按住Ctrl键的同时单击图层缩览图载入选区，执行"滤镜>渲染>云彩"命令，效果如图7-43所示。

图7-40

图7-41

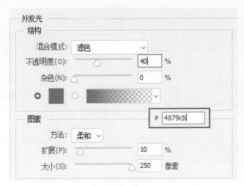

图7-42

图7-43

▶ Step05 执行"滤镜>扭曲>球面化"命令，数量设置为100%，效果如图7-44所示。

▶ Step06 双击该图层，在弹出的对话框中添加"内阴影"样式，如图7-45所示。

▶ Step07 添加"渐变叠加"样式，如图7-46所示。

▶ Step08 添加"颜色叠加"样式，如图7-47所示。

图7-44

图7-45

图7-46

图7-47

▶ Step09 创建"色阶"调整图层，如图7-48所示。

▶ Step10 选择"画笔工具"调整蒙版显示，如图7-49、图7-50所示。

至此，完成超级月亮效果的制作。

图7-48　　　　　　　　图7-49

图7-50

7.2.3　制作水墨画效果

▶ Step01 将素材文件拖放至Photoshop中，如图7-51所示。

▶ Step02 选择"背景"图层，右击鼠标，在弹出的菜单中选择"转换为智能对象"选项，如图7-52所示。

▶ Step03 执行"滤镜>滤镜库"命令，在弹出的对话框中选择"艺术效果>干画笔"选项并设置参数，如图7-53所示。

▶ Step04 单击田按钮，添加"木刻"滤镜效果，并设置参数，如图7-54所示。设置完成后效果如图7-55所示。

图7-51

图7-52

图7-53

图7-54

图7-55

▶ Step05 执行"滤镜>模糊>特殊模糊"命令，在弹出的对话框中设置参数，如图7-56所示。

▶ Step06 在"图层"面板中，右击鼠标，在弹出的菜单中选择"编辑智能滤镜混合选项"，在弹出的对话框中设置参数，如图7-57、图7-58所示。

▶ Step07 执行"滤镜>风格化>查找边缘"命令，调整"查找边缘"智能滤镜的混合选项参数，如图7-59、图7-60所示。

图7-56

图7-57

图7-58

图7-59

图7-60

▶ Step08 置入素材，调整混合模式为"正片叠底"，如图7-61所示。

▶ Step09 按D键恢复默认前景色与背景色，选择"画笔工具"设置参数，如图7-62所示。

▶ Step10 为图层0创建蒙版，使用"画笔工具"调整显示，如图7-63、图7-64所示。

至此，完成水墨画效果的制作。

图7-61

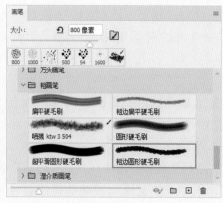

图7-62

图7-63

图7-64

7.3 图像合成实战

使用通道和蒙版可以合成很多有趣的图像效果，例如残缺的撕裂效果，酷炫的双重曝光效果，玄幻的海市蜃楼效果。本节将综合使用通道和蒙版合成创意图像。

7.3.1 制作撕裂效果

▶ Step01 将素材文件拖放至Photoshop中，如图7-65所示。

▶ Step02 按Ctrl+J组合键复制图层并调整大小，新建透明图层并填充白色，合并白色图层与背景图层，如图7-66所示。

图7-65

图7-66

▶ Step03 选择"套索工具"将图像分为两个不规则部分，如图7-67所示。

▶ Step04 按Q键创建快速蒙版，如图7-68所示。

▶ Step05 执行"滤镜>像素化>晶格化"命令，设置参数，如图7-69所示。

图7-67　　　　　　　　　　图7-68

▶ Step06 按Q键退出快速蒙版，如图7-70所示。

▶ Step07 按Ctrl+T组合键做自由变换，移动位置，如图7-71所示。

▶ Step08 添加投影效果，如图7-72所示。

至此，完成撕裂效果的操作。

图7-69

图7-70

图7-71　　　　　　　　　　　　图7-72

7.3.2　制作双重曝光效果

▶ Step01 将素材文件拖放至Photoshop中，使用"选择并遮住"抠取主体人物，如图7-73、图7-74所示。

▶ Step02 新建3:2文档，填充渐变，将抠取的人物移动到文档中，如图7-75所示。

▶ Step03 按Ctrl+J组合键复制图层，栅格化图层，并隐藏原图层，如图7-76所示。

▶ Step04 置入素材并栅格化图层，如图7-77所示。

▶ Step05 按Ctrl键将"背景 拷贝 2"缩览图载入选区，为置入的图层添加蒙版，如图7-78所示。

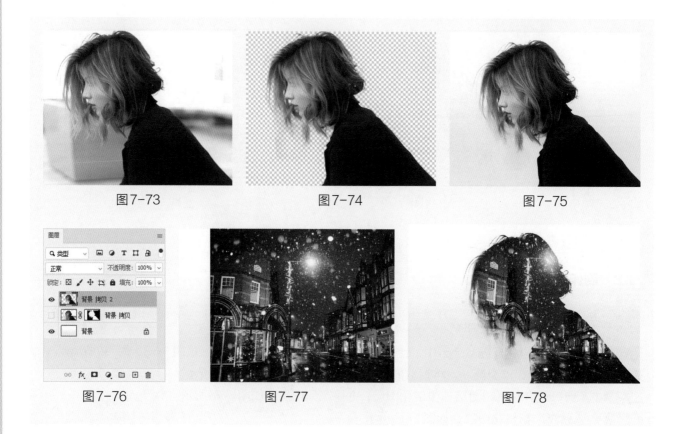

图7-73

图7-74

图7-75

图7-76

图7-77

图7-78

▶ Step06 更改图层的混合模式为"变亮",不透明度为 88%,如图7-79所示。

▶ Step07 设置前景色为黑色,选择"画笔工具"调整显示(根据需要调整不透明度),如图7-80所示。

▶ Step08 复制"背景 拷贝2",移动到最顶层,设置混合模式为"滤色",添加图层蒙版后调整显示,如图7-81所示。

至此,完成双重曝光效果的操作。

图7-79

图7-80

图7-81

7.3.3 制作海市蜃楼效果

▶ **Step01** 将素材文件拖放至Photoshop中，如图7-82所示。

▶ **Step02** 按Ctrl+J组合键复制图层，向下移动，如图7-83所示。

▶ **Step03** 置入素材，调整混合模式为"变亮"，如图7-84所示。

▶ **Step04** 置入素材，调整大小，将不透明度设置为68%，如图7-85所示。

图7-82

图7-83

图7-84

图7-85

▶ Step05 设置前景色为黑色，选择"画笔工具"，设置不透明度为20%，创建图层蒙版涂抹调整显示，如图7-86所示。

▶ Step06 使用相同的方法调整大小与显示，如图7-87所示。

图7-86

图7-87

▶ Step07 选中18-2和18-3创建新组，创建"色彩平衡"调整图层，如图7-88所示。

▶ Step08 按Ctrl+Shift+G组合键创建剪贴蒙版，如图7-89所示，效果如图7-90所示。

图7-88

图7-89

图7-90

▶ Step09　置入素材，调整混合模式为"叠加"，效果如图7-91所示。

▶ Step10　创建"照片滤镜"调整图层设置参数，如图7-92所示，效果如图7-93所示。

至此，完成海市蜃楼效果的操作。

图7-91　　　　　　　　　　　图7-92　　　　　　　　　　　图7-93

第 8 章
人像处理进阶实战

扫码观看本章视频

内容导读

本章主要介绍人物图像处理的方法，主要包括使用修复画笔工具、修补工具、混合器画笔工具等修复常见的皮肤问题；使用更加高品质的磨皮修图，如通道、高低频、双曲线、中性灰；对人物局部进行美容优化；使用液化、自由变换、操控变形对人物形体进行调整；最后列举了三个有趣的特效操作案例。

学习目标

- 掌握高品质磨皮的方法。
- 掌握皮肤基本修复的方法。
- 掌握人物形体的调整方法。

8.1　修复常见皮肤问题

本节将讲解使用修复工具对常见的皮肤问题进行修复，例如雀斑、颈纹、皮肤、双下巴等。

8.1.1　使用"污点修复画笔工具"去除雀斑

▶ Step01　将素材文件拖放至Photoshop中，按Ctrl+J组合键复制图层，如图8-1所示。

▶ Step02　选择"污点修复画笔工具"在雀斑上单击鼠标，按"["键与"]"键根据雀斑的大小调整画笔大小，如图8-2、图8-3所示。至此，完成使用"污点修复画笔工具"去除雀斑的操作。

图8-1

图8-2

图8-3

8.1.2　使用"修补工具"去除颈纹

▶ Step01　将素材文件拖放至Photoshop中，选择"快速选择工具"创建选区，设置羽化半径为50像素，如图8-4所示。

▶ Step02　按Ctrl+M组合键，在弹出的对话框中设置参数，如图8-5所示。

▶ Step03　选择"修补工具"创建选区，按Shift+F5组合键，在弹出的对话框中设置参数，如图8-6、图8-7所示。

图8-4

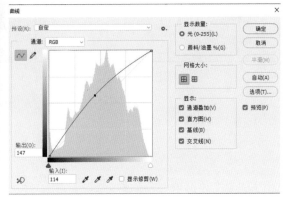

图8-5

图8-6

▶ Step04 设置"填充"面板中的"内容"为"内容识别",如图8-8所示,点击"确定",最终效果如图8-9所示。

至此,完成使用"修补工具"去除颈纹的操作。

图8-7　　　　　　　　　　　　　图8-8　　　　　　　　　　　　　图8-9

(!) 注意事项:

在使用"填充"面板中的"内充识别"修补图像时,若是背景图层,可直接按Delete键,若是普通图层,按Shift+F5组合键。

8.1.3 使用"混合器画笔工具"简单磨皮

▶ Step01 将素材文件拖放至Photoshop中，如图8-10所示。

▶ Step02 双击该图层，在弹出的对话框中选择"投影"选项并设置参数，如图8-11所示。

▶ Step03 选择"混合器画笔工具"，在属性栏中设置参数，如图8-12所示。

图8-10

图8-11

图8-12

▶ Step04 按脸部走向涂抹修复，如图8-13所示。

▶ Step05 选择"套索工具"选择脸部，羽化值设为50，调整亮度与饱和度，最终效果如图8-14所示。
至此，完成使用"混合器画笔工具"简单磨皮的操作。

图8-13

图8-14

8.1.4 使用变形去除双下巴

▶ Step01 将素材文件拖放至Photoshop中，如图8-15所示。

▶ Step02 选择"钢笔工具"绘制选区，如图8-16所示。

▶ Step03 创建选区，执行"选择>修改>羽化"命令，在弹出的对话框中设置羽化半径为5像素，如图8-17、图8-18所示。

图8-15

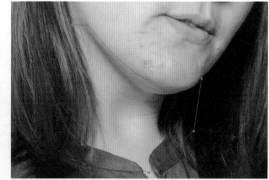

图8-16

▶ Step04 按Ctrl+J组合键连续复制两次并创建剪贴蒙版，如图8-19所示。

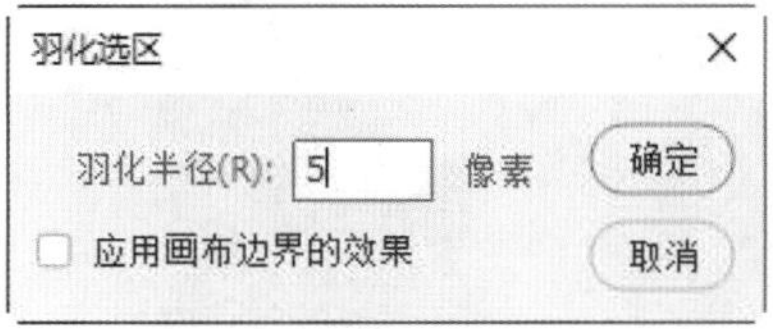

羽化选区 ✕

羽化半径(R): 5 像素 确定

☐ 应用画布边界的效果 取消

图8-17

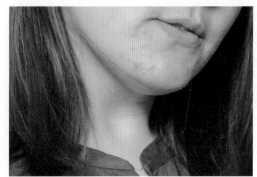

图8-18

图8-19

237

▶ Step05 按Ctrl+T组合键自由变换，单击属性栏的变形 ⊕ 按钮，拖动调整，如图8-20、图8-21所示。

图8-20

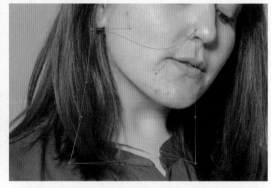

图8-21

▶ Step06 创建图层蒙版，设置前景色为黑色，选择"画笔工具"调整显示，如图8-22、最终效果如图8-23所示。

至此，完成使用变形去除双下巴的操作。

图8-22

图8-23

8.2 专业高品质磨皮

本节将讲解使用通道、高低频、双曲线以及中性灰高品质修图。其中高低频、双曲线以及中性灰属于商业修图，修出高品质的图需要很长时间。日常所需的生活照、证件照等使用这些方法，可快速地进行磨皮修复。

8.2.1 通道磨皮

▶ Step01 将素材文件拖放至Photoshop中，如图8-24所示。在"通道"面板复制对比强度最大的通道图层，如图8-25所示。

▶ Step02 执行"滤镜>其它>高反差保留"命令，在弹出的菜单中设置参数（显示出雀斑即可），如图8-26所示。

图8-24　　　　　图8-25　　　　　图8-26

▶ Step03 选择"画笔工具"，按住Alt键用鼠标吸取颜色，涂抹五官，如图8-27所示。

▶ Step04 执行"图像>计算"命令，在弹出的对话框中设置"混合"模式为"叠加"，如图8-28所示。

▶ Step05 反复计算三次，得到Alpha 3通道，如图8-29所示。

▶ Step06 单击 ⊙ 按钮载入选区，按Shift+Ctrl+I组合键反选选区，如图8-30所示。

图8-27 　　　　　　　　　　图8-28

图8-29 　　　　　　图8-30 　　　　　图8-31

▶ Step07 单击"RGB"通道，回到"图层"面板，使用"套索工具"，按住Shift键用鼠标调整选区，如图8-31所示。

▶ Step08 创建"曲线"调整图层，在"属性"面板中调整参数，如图8-32所示。

▶ Step09 按Ctrl+Shift+Alt+E组合键盖印图层，如图8-33所示。

▶ Step10 选择"污点修复画笔工具"对皮肤进行修复调整，最终效果如图8-34所示。至此，完成使用通道磨皮的操作。

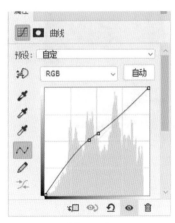

图8-32

图8-33

图8-34

8.2.2 高低频磨皮

Step01 将素材文件拖放至 Photoshop 中，如图 8-35 所示。

Step02 按 Ctrl+J 组合键连续复制两次并重命名，隐藏"高频"，如图 8-36 所示。

Step03 执行"滤镜>模糊>高斯模糊"命令，在弹出的对话框中设置参数，如图 8-37 所示。

图 8-35

图 8-36

图 8-37

▶ Step04 效果如图8-38所示。

▶ Step05 显示"高频",执行"图像>应用图像"命令,在弹出的对话框中设置参数,如图8-39所示。

▶ Step06 更改图层的"混合"模式为"线性光",选中两个图层创建新组重命名为高低频,如图8-40所示。

▶ Step07 新建"观察"组,创建"黑白"调整图层,如图8-41所示。

▶ Step08 创建"曲线"调整图层,如图8-42所示。

图8-38

图8-39

图8-40

图8-41

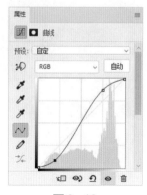

图8-42

▶ Step09 效果如图 8-43 所示。

▶ Step10 回到"高频"图层，选择"仿制图章工具"修复皮肤，如图 8-44 所示。

▶ Step11 回到"低频"图层，选择"混合器画笔工具"均匀肤色，如图 8-45 所示。

▶ Step12 隐藏"观察组"，最终效果如图 8-46 所示。

至此，完成使用高低频磨皮的操作。

图 8-43　　　　　图 8-44　　　　　图 8-45　　　　　图 8-46

8.2.3 双曲线磨皮

▶ Step01 将素材文件拖放至Photoshop中，按Ctrl+J组合键复制，如图8-47所示。

▶ Step02 使用"污点修复画笔工具"修复大的斑点、痘痘，如图8-48所示。

▶ Step03 新建"观察组"，创建"纯色"调整图层，填充黑色，更改混合模式为"颜色"，如图8-49所示。

图8-47

图8-48

图8-49

▶ Step04 复制填充调整图层，更改混合模式为"柔光"，如图8-50所示。

▶ Step05 创建"曲线"调整图层，如图8-51所示。

▶ Step06 按Ctrl+I组合键反相，重命名为"提亮"，如图8-52所示。

▶ Step07 创建"曲线"调整图层，如图8-53所示。

▶ Step08 按Ctrl+I组合键反相，重命名为"压暗"，如图8-54所示。效果如图8-55所示。

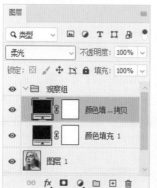

图8-50

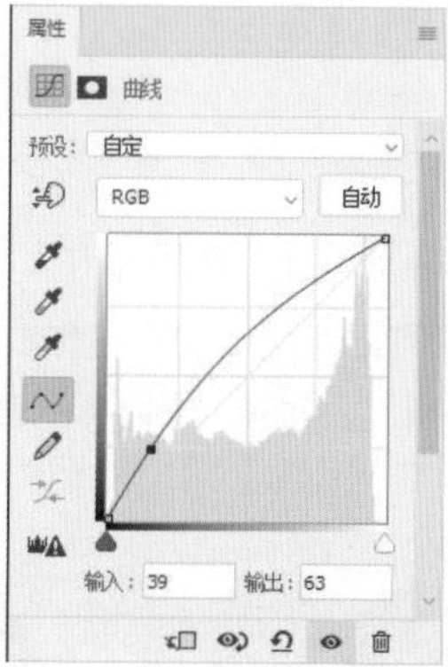

图8-51

图8-52

图8-53

图8-54

图8-55

▶ Step09 将前景色设置为白色，选择"画笔工具"，不透明度设为20%，单击"提亮"图层蒙版，涂抹提亮暗部与瑕疵处，如图8-56所示。

▶ Step10 单击"压暗"图层蒙版，涂抹提亮暗部与瑕疵处，如图8-57所示。

▶ Step11 隐藏"观察组"，如图8-58所示。

▶ Step12 使用"套索工具"，羽化值设为50，均匀皮肤颜色，根据需要调整，如图8-59所示。

▶ Step13 盖印图层，使用通道曲线整体调整皮肤细节和质感，如图8-60，最终效果如图8-61所示。

至此，完成使用双曲线磨皮的操作。

图8-56

图8-57

图8-58

图8-59

图8-60

图8-61

8.2.4 中性灰磨皮

▶ Step01 将素材文件拖放至Photoshop中，按Ctrl+J组合键复制，如图8-62所示。

▶ Step02 使用"污点修复画笔工具"修复大的斑点、痘痘，如图8-63所示。

▶ Step03 新建"观察组"，创建两个"纯色"调整图层，填充黑色，分别更改混合模式为"颜色""叠加"，如图8-64所示。

▶ Step04 创建"曲线"调整图层，如图8-65、图8-66所示。

▶ Step05 单击"图层1"，按Ctrl+Shift+N组合键，在弹出的对话框中设置参数，单击"确定"即可，如图8-67、图8-68所示。

▶ Step06 选择"画笔工具"，在属性栏中设置参数，如图8-69所示。

图8-62

图8-63

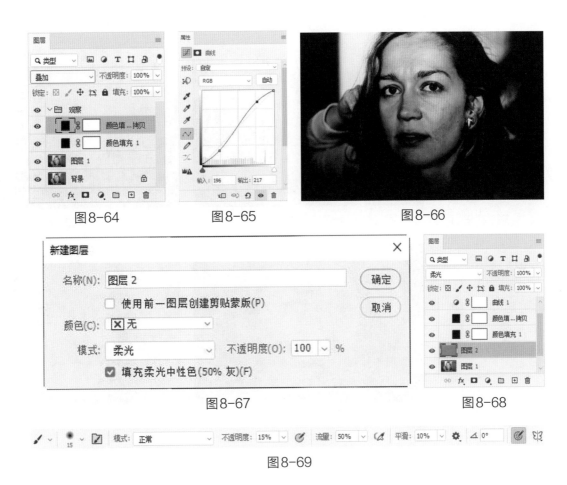

图 8-64

图 8-65

图 8-66

图 8-67

图 8-68

图 8-69

▶ Step07 设置前景色为白色、背景色为黑色，白色涂抹黑色的部分提亮，按X键替换前景色为黑色，涂抹白色的部分压暗，均匀肤色，如图 8-70、图 8-71 所示。

▶ Step08 继续涂抹修复，如图 8-72 所示。

▶ Step09 隐藏"观察组"，如图 8-73 所示。

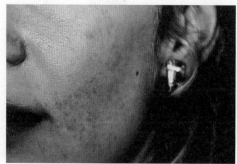
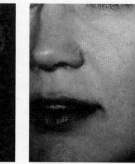

图 8-70

图 8-71

图 8-72

图 8-73

▶ Step10 盖印图层，统一皮肤颜色，如图8-74，最终效果如图8-75所示。

至此，完成使用中性灰线磨皮的操作。

图8-74

图8-75

8.3 人物局部美容

本节将讲解对常见的人物局部进行美容操作，例如更改发色、更改嘴唇颜色、美白牙齿等。

8.3.1 更改发色

▶ Step01 将素材文件拖放至Photoshop中，如图8-76所示。

▶ Step02 在"通道"面板复制"红"通道图层，如图8-77所示。

▶ Step03 按Ctrl+L组合键，在弹出的对话框中调整参数，如图8-78所示。

▶ Step04 效果如图8-79所示。

▶ Step05 按Ctrl+I组合键反相，使用黑色画笔涂抹头发以外的部分，如图8-80所示。

▶ Step06 单击 ⊙ 按钮载入选区，单击"RGB"通道，如图8-81所示。

▶ Step07 创建"黑白"调整图层，如图8-82所示。设置图层混合模式为"明度"、不透明度为60%，如图8-82、图8-83所示。

图8-76

图8-77

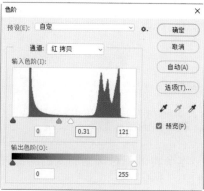

图8-78

图 8-79

图 8-80

图 8-81

图 8-82

图 8-83

▶ Step08 创建"纯色"调整图层，设置填充颜色为"#b59d1a"，选中"黑白1"调整图层的蒙版，按住Alt键复制并替换蒙版，如图8-84所示。

▶ Step09 设置图层混合模式为"亮光"，不透明度为40%，如图8-85所示。

▶ Step10 选择"画笔工具"，设置不透明度为20%，调整显示，如图8-86所示。至此，完成更换发色的操作。

图8-84

图8-85

图8-86

8.3.2 更改嘴唇颜色

▶ Step01 将素材文件拖放至Photoshop中，如图8-87所示。

▶ Step02 新建透明图层，更改图层的混合模式为"颜色"，如图8-88所示。

▶ Step03 设置前景色为"d90000"，选择"画笔工具"不透明度为20%，涂抹嘴唇，图层不透明度设置为80%，效果如图8-89所示。

至此，完成更换唇色的操作。

图8-87

图8-88

图8-89

8.3.3 美白牙齿

▶ Step01 将素材文件拖放至Photoshop中，如图8-90所示。

▶ Step02 新建透明图层，更改图层的混合模式为"颜色"，如图8-91所示。

▶ Step03 创建"可选颜色"调整图层，在"属性"面板中设置参数，如图8-92、图8-93所示。效果如图8-94所示。

至此，完成美白牙齿的操作。

图8-90

图8-91

图8-92　　　　　　图8-93　　　　　　　图8-94

8.4　人物形体调整

　　本节将讲解使用液化滤镜对人物的形体进行调整，例如使用人脸识别液化调节五官和脸型、手动液化瘦身以及使用自由变换秒变大长腿，使用操控变形改变形体。

　　对人物形体的调整主要用到的是液化滤镜。液化滤镜可用于推、拉、旋转、反射、折叠和膨胀图像的任意区域。执行"滤镜>液化"命令，弹出"液化"对话框，该对话框中提供了液化滤镜的工具、选项和图像预览，如图8-95所示。

图8-95

工具条中主要选项的功能介绍如下。

● 向前变形工具 ⫯：该工具可以移动图像中的像素，得到变形的效果。

● 重建工具 ⫯：使用该工具在变形的区域单击鼠标或拖动鼠标进行涂抹，可以使变形区域的图像恢复到原始状态。

● 平滑工具 ⫯：用来平滑调整后的图像边缘。

● 顺时针旋转扭曲工具 ⫯：使用该工具在图像中单击鼠标或移动鼠标时，图像会被顺时针旋转扭曲；当按住 Alt 键单击鼠标时，图像则会被逆时针旋转扭曲。

● 褶皱工具 ⫯：使用该工具在图像中单击鼠标或移动鼠标时，可以使像素向画笔中心区域移动，使图像产生收缩的效果。

● 膨胀工具 ⫯：使用该工具在图像中单击鼠标或移动鼠标时，可以使像素向画笔中心区域以外的方向移动，使图像产生膨胀的效果。

● 左推工具 ⫯：使用该工具可以使图像产生挤压变形的效果。使用该工具垂直向上拖动鼠标时，像素向左移动；向下拖动鼠标时，像素向右移动。当按住 Alt 键垂直向上拖动鼠标时，像素向右移动；向下拖动鼠标时，像素向左移动。若使用该工具围绕对象顺时针拖动鼠标，可增加其大小；若逆时针拖动鼠标，则减小其大小。

● 冻结蒙版工具 ⫯：使用该工具可以在预览窗口绘制出冻结区域，在调整时，冻结区域内的图像不会受到变形工具的影响。

● 解冻蒙版工具 ⫯：使用该工具涂抹冻结区域能够解除该区域的冻结。

● 脸部工具 ⫯：该工具会自动识别人的五官和脸型。当鼠标置于五官上，图像中出现调整五官和脸型的线框，拖拽线框可以改变五官的位置、大小，也可以在右侧"人脸识别液化"选项组中设置参数以调整人物的脸型。

8.4.1　人脸识别液化——调节五官和脸型

▶Step01 将素材文件拖放至Photoshop中，按Ctrl+J组合键复制图层，如图8-96所示。

▶Step02 执行"滤镜>液化"命令，在弹出的对话框的"人脸识别液化"选项组中设置参数，如图8-97、图8-98所示。

▶Step03 效果如图8-99所示。

▶Step04 隐藏背景图层，如图8-100所示。

图8-96

图8-97　　　　　　　　　　图8-98

▶ Step05 选择"历史记录
画笔工具",在属性栏
中设置"大小"为125
像素,涂抹边缘修复,
如图8-101所示。
至此,完成使用人脸
识别液化调节五官和
脸型的操作

图8-99　　　　　　图8-100　　　　　　图8-101

8.4.2　手动液化——一秒拥有小蛮腰

● ● ●

▶ Step01 将素材文件拖放至Photoshop中,按Ctrl+J组合键复制图层,如图8-102所示。

▶ Step02 按Ctrl+K组合键,在弹出的对话框中设置参数,如图8-103所示。

图8-102

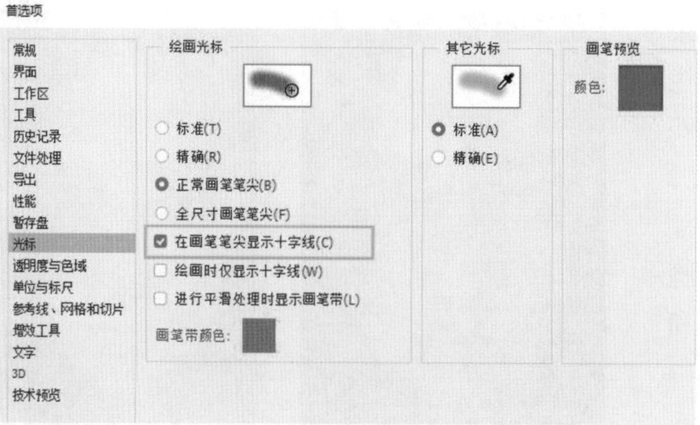

图8-103

▶ Step03 执行"滤镜>液化"命令，在对话框中选择"向前变形工具"，在"属性"面板中设置画笔参数，如图8-104所示。

图8-104

（!） 注意事项：

"画笔工具选项"中"大小"的参数是不固定的，在液化过程中按"["键和"]"键可根据需要调整画笔大小。

▶ Step04 将画笔的中心十字线放在需要液化的边缘，向右拖动，如图8-105、图8-106所示。

▶ Step05 选择"冻结蒙版工具"涂抹手臂，如图8-107所示。

▶ Step06 选择"向前变形工具"将画笔的中心十字线放在需要液化的边缘，向左拖动，如图8-108所示。

图8-105

图8-106

图8-107

图8-108

▶ Step07 选择"解冻蒙版工具"涂抹手臂，选择"冻结蒙版工具"涂抹身体，如图8-109所示。

▶ Step08 选择"向前变形工具"调整液化，如图8-110所示。

▶ Step09 调整细节，单击"确定"按钮完成液化，如图8-111所示。

▶ Step10 选择"磁性套索工具"创建选区，使用"画笔工具"或"混合画笔工具"调整细节纹理，如图8-112，最终效果如图8-113所示。

至此，完成手动液化瘦身的操作。

图8-109

图8-110

图8-111

图8-112

图8-113

8.4.3　自由变换——秒变大长腿

▶ Step01 将素材文件拖放至Photoshop中，如图8-114所示。

▶ Step02 按Ctrl+J组合键复制图层，向上移动位置，如图8-115所示。

▶ Step03 选择"矩形选框工具"，在大腿位置创建选区，如图8-116所示。

▶ Step04 按Ctrl+T组合键自由变换，按住Shift键向下拉伸，取消选区后调整位置，如图8-117所示。

至此，完成秒变大长腿的操作。

图8-114

图8-115

图8-116

图8-117

8.4.4 操控变形——调整形体

调整形体主要用到的是操控变形功能。操控变形功能提供了一种可视的网格，借助该网格，可以在任意扭曲特定图像区域的同时保持其他区域不变，常用于修改人物的动作、发型等。执行"编辑>操控变形"命令，显示出该命令的属性栏，如图8-118所示。

图8-118

该属性栏中主要选项的功能介绍如下。

● 模式：设置网格的整体弹性。在该下拉列表框中有"刚性""正常""扭曲"三个选项。

● 密度：确定网格点的间距。在该下拉列表框中有"较少点""正常""较多点"三个选项。较多的网格点可以提高精度，但需要较多的处理时间；较少的网格点则反之。

● 扩展：扩展或收缩网格的外边缘。

● 显示网格：取消选中该复选框可以只显示调整图钉，从而显示更清晰的变换预览。

● 图钉深度：若要显示与网格区域重叠的其他网格区域，在选择一个图钉后单击"将图钉前移" 按钮，可将图钉向上移动一个堆叠顺序；单击"将图钉后移" 按钮，可将图钉向下移动一个堆叠顺序。

● 旋转：围绕图钉旋转网格。在该下拉列表框中有"自动"与"固定"两个选项。

(!) 注意事项：

在操作中若要删除图钉，可单击选择该图钉，或按住Alt键按Delete键删除；若要删除所有图钉，可右击鼠标，在弹出的菜单中选择"移去所有图钉"选项。

▶ Step01 将素材文件
拖放至Photoshop中，
如图8-119所示。

▶ Step02 使用"选择并
遮住"抠取主体人
物，复制转换为智能
图像后栅格化图层，
如图8-120所示。

▶ Step03 新建图层，填
充"渐变云彩-05"，
调整人物位置，如
图8-121所示。

▶ Step04 执 行 "编 辑
>操控变形"命令，
如图8-122所示。

图8-119

图8-120

图8-121

图8-122

▶ Step05 单击创建图钉，如图8-123所示。

▶ Step06 单击指尖的图钉调整位置使其变形（根据需要添加图钉），如图8-124所示。

▶ Step07 在左臂单击创建图钉，单击指尖的图钉调整位置使其变形，如图8-125所示。

▶ Step08 单击Enter键完成调整，最终效果如图8-126所示。至此，完成调整形体的操作。

图8-123

图8-124

图8-125

图8-126

8.5 人物特效处理

本节将对人物特效的处理进行讲解，例如开启大头特效、换脸以及制作人脸表情包。

8.5.1 开启大头特效

▶ Step01 将素材文件拖放至Photoshop中，如图8-127所示。

▶ Step02 选择"套索工具"沿人物头部创建选区，如图8-128所示。

图8-127

图8-128

▶ Step03 按Ctrl+T组合键自由变换，调整大小，如图8-129所示。

▶ Step04 创建蒙版，选
择"画笔工具"调
整显示，如图8-130
所示。

至此，完成大头特
效的制作。

图8-129

图8-130

8.5.2 移花接木换脸

▶ Step01 将素材文件拖放至Photoshop中，如图8-131所示。

▶ Step02 选择"矩形套索工具"沿人物头部创建选区，如图8-132所示。

▶ Step03 按Ctrl+J组合键复制选区。

▶ Step04 打开如图8-133所示的素材，将复制的选区拖动到该文档中，图8-134所示。

图8-131　　　　　图8-132

▶ Step05 调整不透明度为60%，按Ctrl+T组合键自由变换，调整显示，如图8-135所示。

图8-133　　　　　图8-134　　　　　图8-135

▶ Step06 调整不透明度为100%，创建图层蒙版，如图8-136、图8-137所示。

▶ Step07 选择"画笔工具"根据需要调整不透明度，单击蒙版缩览图涂抹画面显示，如图8-138所示。

▶ Step08 创建"可选颜色"调整图层，按Ctrl+Shift+G组合键创建剪贴蒙版，如图8-139所示。

▶ Step09 在"属性"面板中设置参数，如图8-140、图8-141所示。

▶ Step10 盖印图层后，使用修复工具调整瑕疵和不自然部分，如图8-142、图8-143所示。

▶ Step11 执行"滤镜>液化"命令，在弹出的对话框中调整五官和脸型，最终效果如图8-144所示。
至此，完成换脸的制作。

图8-136

图8-137

图8-138

图8-139

图8-140

图8-141

图8-142

图8-143

图8-144

8.5.3 创建人脸表情包

▶ Step01 将素材文件拖放至Photoshop中，如图8-145所示。

▶ Step02 选择"多边形套索工具"沿表情内部创建选区，如图8-146所示。

▶ Step03 选区填充白色，如图8-147所示。

图8-145　　　　　　图8-146　　　　　　图8-147

▶ Step04 打开另一个素材文档，使用"套索工具"框选五官，如图8-148所示。

▶ Step05 按Ctrl+J组合键复制选区并移动到表情包文档中，按Ctrl+T组合键调整大小，如图8-149所示。

图8-148　　　　　　图8-149

▶ Step06　右击鼠标，在弹出的菜单中选择"水平翻转"选项，如图
8-150所示。

▶ Step07　按Ctrl+L组合键，在弹出的对话框中设置参数，如图
8-151所示。效果如图8-152所示。

▶ Step08　添加蒙版，选择"画笔工具"涂抹去除多余的部分，如图
8-153所示。

ⓘ 注意事项：

非黑白色图像需先执行去色，然后再进行色阶调整。

图8-150

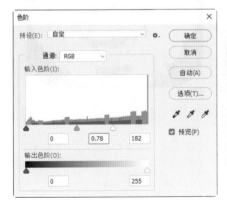

图8-151

图8-152

图8-153

▶ Step09 按Ctrl+T组合键自由变换，按住Shift键水平拖动，如图8-154所示。

▶ Step10 按Ctrl+L组合键，在弹出的对话框中设置参数，增强对比度，如图8-155所示。

▶ Step11 继续拉伸调整，最终效果如图8-156所示。

至此，完成创建人脸表情包。

图8-154

图8-155

图8-156

附　录

附录1 常用的图像自动化处理技术

1.高效地工作——动作

对于经常执行的命令和操作，可以将其创建为动作，在面对相同的命令和操作时，可以快捷轻松地应用。执行"窗口>动作"命令，或按F9功能键，即可打开"动作"面板。

该面板中主要选项的功能介绍如下。

● 切换对话开/关 ▢：用于选择在动作执行时是否弹出各种对话框或菜单。若显示该按钮，表示在执行该命令时会弹出对话框以供设置参数；若隐藏该按钮，表示忽略对话框，动作按先前设定的参数执行。

● 切换项目开/关 ✓：用于选择需要执行的动作。关闭该按钮，可以屏蔽此命令，使其在动作播放时不被执行。

● 按钮组 ■ ● ▶：这些按钮用于对动作的各种控制，从左至右各个按钮的功能依次是停止播放/记录、开始记录、播放选定的动作。

● 菜单 ≡：在该菜单中可将记录好的动作组进行存储，载入ANT格式文件的动作，载入命令、画框、图像效果等预设动作。

知识链接:

在 Photoshop 中,以下为不能被直接记录的命令和操作:

① 使用"钢笔工具"手绘的路径;

② "画笔工具""污点修复画笔工具"和"仿制图章工具"等进行的操作;

③ 在属性栏、面板和对话框中的部分参数;

④ 窗口和视图中的大部分参数。

2. 自动化处理——批处理

动作在被记录和保存之后,执行"文件>自动>批处理"命令,弹出"批处理"对话框,可以对多个图像文件执行相同的动作,从而实现图像自动化处理操作。

该对话框中主要选项的功能介绍如下。

● "播放"选项组:选择用来处理文件的动作。

●"源"选项组：选择要处理的文件。"文件夹"选项：选择并单击下面的"选择" 选择(C)... 按钮时，可以在弹出的对话框中选择一个文件夹。"导入"选项：处理来自扫描仪、数码相机、PDF文档的图像。"打开的文件"选项：处理当前所有打开的文件。"Bridge"选项：处理 Adobe Bridge 中选定的文件。

●"目标"选项组：设置完成批处理以后文件所保存的位置。"无"选项：不保存文件，文件仍处于打开状态。"存储并关闭"选项：将要保存的文件保存在原始文件夹并覆盖原始文件。"文件夹"选项：选择并单击下面的"选择"按钮，可以指定文件夹保存。

(!) 注意事项：

批处理可以对一个文件夹中的文件应用动作，在执行命令之前应该将要处理的图片存放在同一个文件夹内。

3.图像转演示文稿——
  创建PDF演示文稿

在Photoshop中可以使用各种图像来创建多页文档或PDF演示文稿。执行"文件>自动>创建PDF演示文稿"命令，弹出"PDF演示文稿"对话框。

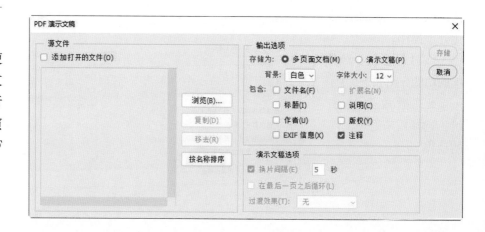

该对话框中主要选项的功能介绍如下。

● "源文件"选项区：勾选"添加打开的文件"来添加已在 Photoshop 中打开的文件。单击"浏览"按钮，在弹出的对话框中指定要处理的图像所在的文件夹的位置。

● "输出选项"选项区：设置输出格式和包含的要素。

● "演示文稿选项"选项区：点选"演示文稿"选项时可进行设置。

(!) 注意事项：

执行"PDF演示文稿"命令可以存储为常规PDF文件，而不是Photoshop PDF文件，在Photoshop中重新打开这些文件时，文件会被栅格化。

4.自动拼合图像——联系表

在Photoshop中执行"联系表 II"命令，可以将多个文件图像自动拼合在一张图像里，生成缩览图。执行"文件>自动>联系表 II"命令，弹出"联系表 II"对话框。

该对话框中主要选项的功能介绍如下。

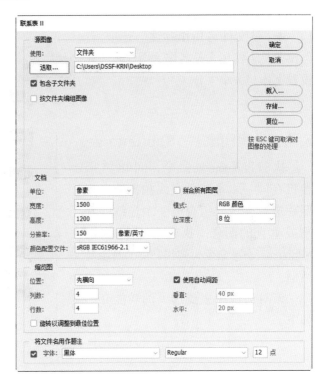

● "源图像"选项区：单击"选取"按钮，在弹出的对话框中指定要生成的图像缩览图所在的文件夹的位置。勾选"包含子文件夹"，选择在文件夹里的所有子文件夹的图像。

● "文档"选项区：设置拼合图像的一些参数，包括尺寸、分辨率以及颜色等。勾选"拼合所有图层"则合并所有图层，取消勾选则在图像里生成独立图层。

● "缩览图"选项区：设置缩览图生成的规则，如先横向还是先纵向、行列数目、是否旋转等。

● "将文件名用作题注"选项区：可设置是否使用文件名作为图片题注并设置字体与大小。

5. 拼合全景图像——Photomerge

执行Photomerge命令，可以将照相机在同一水平或垂直线拍摄的序列照片进行合成，组合成一个连续的水平或垂直的图像。执行"文件>自动>Photomerge"命令，弹出Photomerge对话框。

该对话框中主要选项的功能介绍如下。

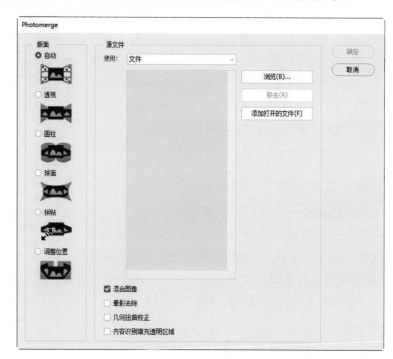

● 版面：用于设置转换为全景图片时的模式。

● 使用：包括文件和文件夹。选择文件时，可以直接将选择的文件合并为图像；选择文件夹时，可以直接将选择的文件夹中的文件合并为图像。

● 混合图像：找出图像间的最佳边界并根据这些边界创建接缝并匹配图像的颜色。取消勾选，将执行简单的矩形混合。

● 晕影去除：在由于镜头瑕疵或镜头遮光处理不当而导致边缘较暗的图像中去除晕影并执行曝光度补偿。

● 几何扭曲校正：补偿桶形、枕形或鱼眼失真。

● 内容识别填充透明区域：使用附近的相似图像内容无缝填充透明区域。

"版面"组中各模式主要介绍如下。

● 自动：分析源图像并应用到最合适的版面。

● 透视：通过将源图像中的一个图像（默认为中间的图像）指定为参考图像来创建一致的复合图像，然后将变换其他图像以匹配图层的重叠内容。

● 圆柱：文件的重叠内容仍匹配，将参考图像居中放置，适合于创建宽全景图。

● 球面：将图像对齐并变换，效果类似于映射球体内部，模拟观看360°全景的视觉体验。

● 拼贴：对齐图层并匹配重叠内容，同时变换（旋转或缩放）任何源图层。

● 调整位置：对齐图层并匹配重叠内容，但不会变换（伸展或斜切）任何源图层。

6.批量转换文件格式——图像处理器

图像处理器能快速地对文件夹中图像的文件格式进行转换，节省工作时间。执行"文件>脚本>图像处理器"命令，弹出"图像处理器"对话框。

该对话框中主要选项的功能介绍如下。

● "选择要处理的图像"选项组：单击"选择文件夹"按钮，在弹出的对话框中指定要处理的图像所在的文件夹的位置。

● "选择位置以存储处理的图像"选项组：单击"选择文件夹"按钮，在弹出的对话框中指定存放处理后的图像的文件夹的位置。

● "文件类型"选项组：勾选相应格式的复选框，设置完成后单击"运行"按钮，此时软件自动对图像进行处理。

知识链接：

在"图像处理器"对话框的"文件类型"选项区中，可同时勾选多个文件类型复选框将文件夹中的文件转换为多种文件格式。

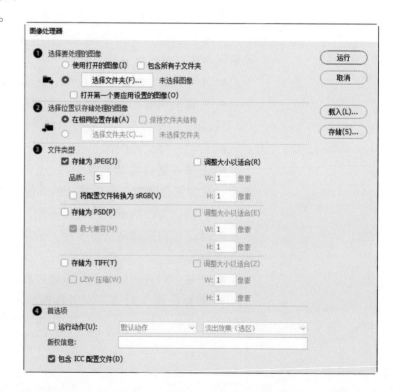

附录 2 Photoshop 常用快捷键汇总

1.常用工具快捷键

工具箱	常用工具	默认快捷键	常用工具	默认快捷键
	选择工具	V	历史记录画笔工具	Y
	矩形选框工具	M	橡皮擦工具	E
	套索工具	L	渐变工具	G
	多边形套索工具	L	油漆桶工具	G
	快速选择工具	W	钢笔工具	P
	魔棒工具	W	横排文字工具	T
	裁剪工具	C	直排文字工具	T
	吸管工具	I	路径选择工具	A
	污点修复画笔工具	J	直线选择工具	A
	修补工具	J	矩形工具	U
	画笔工具	B	椭圆工具	U

工具箱	常用工具	默认快捷键	常用工具	默认快捷键
	混合器画笔工具	B	抓手工具	H
	仿制图章工具	S	缩放工具	Z

ⓘ **注意事项**：

　　按住Shift+快捷键，可在同一快捷键的不同功能间进行切换。例如按Shift+M组合键，可在矩形选框工具、椭圆选框工具等之间进行切换选择。执行"编辑>键盘快捷键和菜单"命令，可在弹出的对话框中更改快捷键。

秒懂PS图像处理技巧

2.常用命令快捷键

操作	命令	快捷键
文件操作	新建	Ctrl+N
	打开	Ctrl+O
	关闭	Ctrl+W
	存储	Ctrl+S
	另存为	Shift+Ctrl+S
	置入	Shift+Ctrl+P
	导出 >	
	导出为多种屏幕所用格式	Alt+Ctrl+E
	存储为 Web 所用格式（旧版）	Alt+Shift+Ctrl+S
	退出	Ctrl+Q

操作	命令	快捷键
编辑操作	还原	Ctrl+Z
	重做	Shift+Ctrl+Z
	剪切	Ctrl+X
	复制	Ctrl+C
	粘贴	Ctrl+V
	填充	Shift+F5
	自由变换	Ctrl+T
	变换 >	
	再次	Shift+Ctrl+T
	键盘快捷键和菜单	Alt+Shift+Ctrl+K
	首选项	Ctrl+K

秒懂PS图像处理技巧

操作	命令	快捷键
	调整 >	
	色阶	Ctrl+L
	曲线	Ctrl+M
	色相 / 饱和度	Ctrl+U
图像处理	色彩平衡	Ctrl+B
	黑白	Alt+Shift+Ctrl+B
	反相	Ctrl+I
	去色	Shift+Ctrl+U
	图像大小	Alt+Ctrl+I
	画布大小	Alt+Ctrl+C

操作	命令	快捷键
	通过拷贝的图层	Ctrl+J
	快速带出为 PNG	Shift+Ctrl+'
	导出为	Alt+Shift+Ctrl+'
	创建 / 释放剪贴蒙版	Alt+Ctrl+G
图层操作	图层编组	Ctrl+G
	取消图层编组	Shift+Ctrl+G
	隐藏图层	Ctrl+,
	排列 >	
	置为顶层	Shift+Ctrl+]
	前移一层	Ctrl+]

续 表

操作	命令	快捷键
	后移一层	Ctrl+[
	置为底层	Shift+Ctrl+[
	锁定图层	Ctrl+/
	合并图层	Ctrl+E
	合并可见图层	Shift+Ctrl+E
选择操作	全部	Ctrl+A
	取消选择	Ctrl+D
	反选	Shift+Ctrl+I
	所有图层	Alt+Ctrl+A
	选择并遮住	Alt+Ctrl+R

续 表

操作	命令	快捷键
	修改 >	
	羽化	Shift+F6
滤镜操作	上次滤镜操作	Alt+Ctrl+F
	Camera Raw 滤镜	Shift+Ctrl+A
	镜头校正	Alt+T+R
	液化	Alt+T+L
	消失点	Alt+T+V
视图操作	放大	Ctrl++
	缩小	Ctrl+-
	按屏幕大小缩放	Ctrl+0

操作	命令	快捷键
	100%	Ctrl+1
	网格	Ctrl+'
	参考线	Ctrl+;
	标尺	Ctrl+R
	锁定参考线	ALT+Ctrl+;
窗口操作	动作	Alt+F9/F9
	画笔设置	F5
	图层	F7
	颜色	F6

附录3　Photoshop 平面设计术语

1.图像基本操作

　　像素与分辨率——控制图像尺寸及清晰度。

● 像素：构成图像的最小单位，是图像的基本元素，由许多色彩相近的小方点所组成。

● 分辨率：单位长度内像素点的数量多少。常用的屏幕分辨率为72像素／英寸（1英寸=25.4厘米），普通印刷的分辨率为300像素／英寸。

　　位图与矢量图——数字化图像的类型。

● 位图：位图也叫栅格图，由像素点组成。位图的质量与分辨率有关，在执行缩放或旋转操作时容易失真。

● 矢量图：矢量图也叫矢量形状或矢量对象。矢量图和分辨率无关，任意移动或修改都不会影响细节的清晰度。

　　文件存储格式——为满足不同的输出要求，对文件采取的存储模式。常用的有PSD、GIF、JPEG、PDF、PNG以及TIFF格式等。

● PSD（*.PSD,*.PDD,*.PSDT）：Photoshop（PS）的专用格式，支持网络、通道、路径、剪贴路径和图层等所有PS的功能。

● GIF（*.GIF）：支持透明背景图像，适用于多种操作系统。是将多个图像保存为一个图像文件，从而形成动画。

● JPEG（*.JPG,*.JPEG,*.JPE）：JPEG格式是目前网络上最常用的图像格式，是可以把文件压缩到最小存储容量的格式。

● PDF（*.PDF,*.PDP）：可携带文档格式。

● PNG（*.PNG）：用于网络图像，它可以保存24位的真彩色图像，并且支持透明背影和消除锯齿边缘的功能，可以在不失真的情况下压缩保存图像。

● TIFF（*.TIF,*.TIFF）：TIFF支持位图、灰度、索引、RGB、CMYK和Lab等图像模式，常用于出版印刷业中。

参考线——借助标尺精确地定位图像或元素的辅助线。

画布——显示、绘制和编辑图像的工作区域。

定界框——围绕在图像、形状或文本周围的矩形边框。

中心参考点——定界框中心的辅助点。

控制点——定界框上的8个控制方块点。

2.图像绘制修饰

流量——画笔绘图时所绘颜色的深浅，其数值为0~100%。

平滑——控制绘画得到图像的平滑度，数值越大，平滑度越高。

取样——设置替换的样式。

路径——使用钢笔或形状工具绘制的不含像素的轮廓，可使用颜色填充或描边路径。

● 锚点：路径由一个或多个直线或曲线段组成，锚点标记路径段的端点，分为平滑点和角点。

● 控制柄：每个锚点包含两个控制柄，拖动调整其长度或斜度控制曲线的方向。

选区——可编辑的范围，任何编辑对选区外无效。没有创建选区时为选择全部。

变换选区——通过变换选区可以改变选区的形状，包括缩放和旋转等。

自由变换——对选定的图像区域进行变换，包括旋转、斜切以及变形等。

羽化——使选区边缘变得柔和，从而使选区内的图像与选区外的图像自然地过渡。

消除锯齿——柔化边缘像素与背景像素之间的颜色过渡效果，来使边缘变得平滑。

内容识别——比较附近的图像内容，不留痕迹地填充选区，同时保留让图像栩栩如生的关键细节，如阴影和对象边缘。

3. 色彩相关

色彩属性——由色相、明度以及纯度构成。

● 色相——色相指色彩的相貌，是由原色、间色与复色构成，主要用来区分颜色。

● 明度——明度是指色彩的明暗程度，一是同色相之间的明度变化，二是同色相的不同明度变化。

● 纯度——纯度是指色彩的鲜艳程度，也称彩度或饱和度。纯度是色彩感觉强弱的标志。

色彩模式——RGB、CMYK以及HSB。

● RGB模式是一种发光屏幕的加色模式，主要用于计算机屏幕显示。在该模式中，R表示红色，G表示绿色，B表示蓝色。

● CMYK模式是一种减色模式，主要用于印刷领域。在该模式中，C表示青色，M表示洋红，Y表示黄色，K表示黑色。

● HSB又称HSV，是最接近人眼观察颜色的一种模式。在该模式中，H表示色相，S表示饱和度，B表示明度。

三原色——色光三原色、颜料三原色、印刷三原色

● 色光三原色：红、绿、蓝。

● 颜料三原色：红、黄、蓝。

● 印刷三原色：青、洋红、黄。

色相环——色相环是以红、黄、蓝三色为基础，经过三原色的混合产生间色、复色，都呈等边三角形的状态。主要名词有原色、间色、复色、类似色、邻近色、互补色、对比色。

● 原色：色彩中最基础的三种颜色，原色是其他颜色混合不出来的，即红、黄、蓝。

● 间色：又称第二次色，三原色中的任意两种原色相互混合而成

● 复色：又称第三次色，由原色和间色混合而成。

● 类似色：色相环中夹角为60°以内的色彩为类似色。

● 邻近色：色相环中夹角为60°~90°的色彩为邻近色。

● 对比色：色相环中夹角为120°左右的色彩为对比色。

● 互补色：色相环中夹角为180°的色彩为互补色。

冷暖色、中性色——冷暖色指色彩在人心理上的冷热感觉。中性色又称为无彩色系，不属于冷色调也不属于暖色调。

● 暖色：红、橙、黄，给人以热烈、温暖之感。

● 冷色：蓝、蓝绿、蓝紫，给人距离、凉爽之感。

● 中性色：指由黑色、白色及由黑白调和的各种深浅不同的灰色系列，主要分为黑、白、灰、金、银五种而且也指一些色彩搭配。介于冷暖之间的紫色和黄绿色也算中性色。

渐变——多种颜色之间的逐渐混合，包括线性渐变、径向渐变、角度渐变、对称渐变以及菱形渐变。

● 线性渐变：以直线方式从不同方向创建起点到终点的渐变。

● 径向渐变：以圆形的方式创建起点到终点的渐变。

● 角度渐变：创建围绕起点以逆时针扫描方式的渐变。

● 对称渐变：使用均衡的线性渐变在起点的任意一侧创建渐变。

● 菱形渐变：以菱形方式从起点向外产生渐变，终点定义菱形的一个角。

色阶——是表示图像亮度强弱的指数标准，即色彩指数。

曲线——功能和色阶相似，可以调整图像整体的色调，精确地控制图像中多个色调区域的明暗度。

色彩平衡——在图像原色的基础上根据需要来添加其他颜色，或通过增加某种颜色的补色，以减少该颜色的数量，从而改变图像的色调。

色相/饱和度——用于调整图像像素的色相和饱和度，还可以用于灰度图像的色彩渲染，从而使灰度图像添加颜色。

可选颜色——校正颜色的平衡，选择某种颜色范围进行针对性修改，在不影响其他原色的情况下修改图像中的某种原色的数量。

去色——去掉图像的颜色，使图像显示为灰度。

阈值——可以将一幅彩色图像或灰度图像转换成只有黑白两种色调的图像。

反相——将图像中的所有颜色替换为相应的补色，制作出负片的感觉。

渐变映射——先将图像转为灰度图像，然后将渐变色映射到图像上。

4.图层合成与自动化

图层——含有文字或图形等元素的胶片，一张张按顺序叠放在一起，组合起来形成的页面最终效果。

智能对象图层——包含栅格或矢量图像中图像数据的图层。智能对象将保留图像的源内容及其所有原始特性，从而能够对图层执行非破坏性编辑。

蒙版——保护图像的任何区域都不受编辑的影像，并将对它的编辑操作作用到所在图层。包括快速蒙版、矢量蒙版、图层蒙版以及剪贴蒙版。

- 快速蒙版：一种临时性的蒙版，常用于帮助用户快速得到精确的选区。
- 矢量蒙版：通过形状控制图像的显示区域，只作用于当前图层。
- 图层蒙版：通过使用画笔工具在蒙版上涂抹，控制图层区域的显示或隐藏，常用于图像合成。
- 剪贴蒙版：使用处于下方图层的形状来限制上方图层的显示状态。

链接图层——无论图层顺序是否相邻，都可以在它们之间建立联系，选择任意一个都可同时移动变换。

盖印图层——一种合并图层的特殊方法，可以将多个图层的内容合并到一个新的图层中，同时保持原始图层的内容不变。

混合模式——用不同的方法将对象颜色与底层对象的颜色混合。

图层样式——应用于一个图层或图层组的一种或多种效果，可以简单快捷地为图像添加斜面和浮雕、内阴影、内发光、外发光、投影等效果。

● 斜面和浮雕：用于增加图像边缘的明暗度，并增加投影来使图像产生不同的立体感。

● 等高线：在浮雕中创建凹凸起伏的效果。

● 纹理：在浮雕中创建不同的纹理效果。

● 描边：使用颜色、渐变以及图案来描绘图像的轮廓边缘。

● 内阴影：在紧靠图层内容的边缘向内添加阴影，使图层呈现凹陷的效果。

● 内/外发光：沿图层内容的边缘向内/向外创建发光效果。

● 光泽：为图像添加光滑的具有光泽的内部阴影。

● 叠加：在图像上叠加指定的颜色、渐变以及图案，通过混合模式的修改调整图像与颜色的混合效果。

● 投影：为图层模拟出向后的投影效果，增强某部分的层次感以及立体感。

滤镜——用来实现图像的各种特殊效果。

● 动感模糊：该滤镜的效果类似于以固定的曝光时间给一个移动的对象拍照。

● 高斯模糊：根据数值快速地模糊图像，产生朦胧效果。

● 径向模糊：该滤镜可以产生具有辐射性模糊的效果。

● 锐化滤镜组：主要是通过增强图像相邻像素间的对比度，使图像轮廓分明、纹理清晰，以减弱图像的模糊程度。

● 杂色滤镜组：可给图像添加一些随机产生的干扰颗粒，即噪点；还可创建不同寻常的纹理或去掉图像中有缺陷的区域。

● 蒙尘与划痕：该滤镜通过将图像中有缺陷的像素融入周围的像素，达到除尘和涂抹的效果。

● 高反差保留：该滤镜可以在有强烈颜色转变发生的地方按指定的半径保留边缘细节，并且不显示图像的其余部分，与浮雕效果类似。

通道——存储不同类型信息的灰度图像。

动作——指在单个文件或一批文件上执行的一系列任务，如菜单命令、面板选项、工具动作等。

批处理——对一个文件夹中的文件应用动作。